SPACE EXPERIMENT

空间实验

曹闵 著

ARCHITECTURE

BUSINESS

TECHNOLOGY

同济大学 出版社
TONGJI UNIVERSITY PRESS
·上海·

FOREWORD
前 言

　　一切学科都是人们用来认识世界的方式，在现实生活中每一个学科又被转化成若干不同的职业，这些职业就像是这个学科分散的触角，渗透到社会的各个层面并在其中不断演化。每一个从业者又像是牵引着触角的实验者，在某一个微小的领域内，使用细分学科的细分工具去探索这个大千世界。而设计师就是其中一个高举工具的人，每天手握建构的规则，应用心法来探索世界、寻求本质。偶尔也能摸索到一些空间的策略，试图找到空间的目标，进而触摸到事物的本真。

　　作为一种工具，使用工具的人总爱说设计是用来解决问题的，有没有一种可能，那就是太多人找不到真正的问题？当找不到问题的时候，是不是可以把起点前置，让设计不由问题出发而是从目标出发？知道了项目空间的目标，也许更容易找到设计要解决的真正问题，或许还能发挥设计的领导力，也算是在探索本质时的额外收获。

当设计师沉浸在思考设计的领导力时，或许会发现更广义的大设计，大到宇宙、小到果壳，世界的一切都在设计编织的网之中，设计师身在其中既是编织者也是被编织者。在大大小小的平行又叠加的空间中，设计师扮演着不同的角色——作为家居空间的体验者，作为设计工具的实验者，作为办公空间的统筹者，作为商业空间的运营者等。设计师在空间实验的过程中，都会受到所在时代科技的局限。作为设计者，其在认识世界的同时也在认识自己，或许还能成为别人认识世界、认识自己的工具。

所以设计好玩。

2023 年 8 月 19 日

CONTENTS
目 录

GRAND
DESIGN
大设计

我们公司有个群叫"大设计"，这个名字来自霍金那本名为《大设计》的书。事实上，这本书我翻过，但并没有读完，只是看完了其中的图像而已。我读书经常处在一种不求甚解的状态，了解了几个名词，甚至这些名词还不能用自己的语言清楚地再解释。就如同很多设计师从不阅读只是看看图像一样。所以很多人在做设计时，只关注表面现象，而没有注重设计背后的逻辑，更谈不上深度思考。

任何一个专业都需要深度思考，做设计也不例外。我曾经在一本书上看到作者问了一个我至今都没想出如何回答的问题：建筑到底是动词还是名词？在看到这个问题的时候，我狭义地推导了一下：设计到底是个名词还是动词呢？如果设计只是个动词，那设计就设计，做就是了，考虑设计的语言、材料和构成，满足视网膜愉悦。如果设计是个名词，那就要考虑到底是什么的设计，如何体验你的设计。你所面对的这个项目，受到了什么样的限制条件，未来这个空间又要为哪些人服务，在你的思想里或者说你创造的这个空间里，容纳了什么、排斥了什么。也有很多人也许根本不需要研究这些问题，只是采用类型学的方式，研究了很多类似项目之后，就开始着手自己的设计。

新冠肺炎疫情期间在家读《禅者的初心》，里面有一句话说："唯有透过实际的修行而非透过阅读哲学或沉思。"应用到设计中来，那就是：唯有通过设计本身，将阅读、理解、思考都融入设计的行动中。

所以设计的驱动力是什么？背后的运转机制是什么？真的像霍金说的：宇宙是有内在运转机制的，这一切是有人去主动设计或是自动运转出的平衡，大到天体的形态、星云的图像、山脉的机理，小到一朵花、一片叶子都有精妙的布局与纹理。

这些远古以来刻入人类 DNA 的内在规律，无形中一直在操纵着人的选择，某种程度上也决定着社会发展的走向。直到有一天，人类决定自己要像自然一样去设计、去创造，于是在地球上就开始有了建筑。初始的建筑无论是为居住而设计，还是为精神而设计，总之是为人而建造的。所以建筑从诞生的那一天起好像真的就是为了满足人的需求。因为人的需求是有不同层面的，从物质到精神，马斯洛理论告诉我们，不同阶段有不同的需求，体现在不同的人所在的空间，也会有很大的不同。

非洲马赛人的屋子只有墙壁和屋顶，就地而建，屋内的地面和外面的地面无二，人们日出而作、日落而息，墙上、屋顶都没有窗，屋内的光线依靠那个小小的门，进来以后，眼睛会因为内外照度的不同而很不适应，甚至眼前一片乌黑。房屋低矮、潮湿、昏暗，内外照度的骤变，使眼睛需要适应一下才能看到内部的一切。仅有的几件基本生活用具堆放在门口，比如锅和碗等。再里面应该就是睡觉的地方，没有床。这样的空间是设计过的吗？也许用"本能"这个词更合适一些，是建造的本能。在那里没有人谈室内设计，建造者，也可以说是建筑师搞定一切，从地面到墙面到屋顶。这样基本相同的一个一个低矮的屋子围成了一个开阔的院子，自然形成了酋长的部落。我描述的这些是今天的马赛

马赛人部落

人还在居住的地方，仿佛科技的齿轮从未运转到这里。

同样在非洲，到了《走出非洲》女作家凯伦的房子里，这是建于 1904 年的，即距今 100 多年前建造的院子，仿佛在非洲大地上展了一幅英国风景园林的画卷，有着茂密花朵的篱笆墙、开阔的草坪、高耸的柏树、石墙红瓦挑檐的房子、悬铃木和桂花各自飘香、三角梅散落下红色的花朵，女主的会客厅里有舒适的飘窗，精致的线条和护墙板装饰了墙壁和天花，精美的手工地毯和家具，透过蕾丝的纱帘可以隐约看到飘过的白云。书里说凯伦和她的朋友有约定，晚上用不同颜色的灯表示不同的意思，如果她的心情好就亮绿灯，允许客人来访；如果心情不好就亮红灯，表示不要来打扰她。此时的灯，有实用的功能、装饰的美感，也有生活的情趣，甚至也是在传递信息。即使 100 多年之后的今天，步入这样的屋子你也能感受到这里被用心地设计过，有布局功能的考量，有颜色和材质的选择。

凯伦房子内外

不光是室内，外面的花园也一样花了心思。坐在凯伦的房子前放眼望去，
目之所及，红的花、绿的树、蓝的天，花瓣饱满开成球状，树很高，上尖下宽像个宝塔，云卷天舒的长卷有浓有淡。

同样也是在非洲，肯尼亚的首都内罗毕，很多人说这是围绕一家酒店兴建的城市，先有酒店诺福克（Norfolk），后来才有的内罗毕城市，虽然是全世界年轻的首都之一，这里也曾经住过公爵与公主，住过丘吉尔和罗斯福，这些在历史上留下过的名字，可能在未来都成为设计师所谓的设计元素与素材被应用，又以某种或直接或间接的形式表现在这个建筑的某个空间中。

此时的设计似乎又进了一步，有功能的考量，也有结合了材料与建构的美学，更有历史与文化的融合性。也许未来还会根据时代的发展与变迁，有些建筑会被改建，或许也会被改变用途，但这些都将成为历史一起被记忆了。

从朴素的自发需求，到有设计的建构，从讲究功能的实用与舒适，再到商业空间的策略工具，进而发展成为建都的传奇故事，在时间与空间的共同演进中，一路走来一路传颂，也就成了当地文化的一部分，设计从物质到精神递进式的转化中，隐藏在背后的机制又是什么呢？

突然而来的新冠肺炎疫情让整个上海的人都开启"居家模式"，但全网传播着日本东京中银胶囊公寓拆除的消息，作为日本新陈代谢派的标志性建筑，黑川纪章著名的作品，

Norfolk 酒店餐厅

公认网红项目的始祖，它为什么仅仅存在了 48 年就被拆除了？仅仅是因为功能上不再能满足现代的居住和使用条件吗？在很多传统的古镇中放眼望去，不满足使用功能的建筑"大有楼在"。

　　在历史长河中，什么样的建筑会被保留，什么样的设计又会主动或被动地消失？其实也不是凭空消失，而是转变成了建筑垃圾。而且似乎有越来越多的垃圾被制造出来，那些为了引流的商业街包装，那些为了拍电影而搭建的场景。像《唐人街探案（三）》中的大水库就是花了几千万元打造的真实场景，拍完之后也被当作建筑垃圾处理了。如果很多东西在开始制造之前就已知道未来会被拆除，那它是否还有必要被建造呢？

中银胶囊公寓

留下的就是好的吗？

那些被留下的建造是必然还是偶然？

是被历史选择的存在，还是随机的时代印迹？

有哪些内在的规律和机制呢？

这个问题就像数学方程式里的 X，

可以随意代入另一个词，比如：

什么样的建筑会被拆除？

什么样的设计会被指责？

什么样的艺术会消失？

这些问题似乎又大又空虚，更适合建筑师和艺术家去思考。装饰为主的室内设计好像还是应更聚焦于当下，不管是建造，还是创造，最终都是一个具体的呈现。建筑在开放的空间里作画，室内设计又是在一个建筑的空间中作画，有人说这是大号的美术技能在空间中的应用。建筑作为一个文化性的实体存在，相同类型的建筑就有了共性，斗转星移的时间延续中，很多东西一边延续一边变化，历史与真实的光线共同演绎着四维时空中的创作。

很多建筑师也很享受做设计的过程，以设计为工具，为空间塑型，通过相关元素细节讲述故事，传递文化，还能为商业赋能。可是建筑的底色是时空，所以难免联系着地球宇宙、星空历史的上下五千年，有些建筑已经在世间存在了上千年，只要没有特殊情况的发生，大部分建筑都能亘古永存。可现实却好像特殊情况才是常态，没有特殊情况那是机缘巧合的偶然性，世事就是这般的无常。

无常之下，建筑师抛开那些无所不能的幻想，才清醒地发现设计只是商业策略中的一个工具，要为商业服务，要为运营献礼。真正的建造还要受制于时代的科学技术之下的材料与工艺，好像那才是决定一切的隐藏机制。

每一时代的科学技术虽然各不相同，但追逐与炫技的共性却时有发生，就像下面三张图，中间的男子是酋长的儿子，虽然不懂他们的风俗，但看到他手上和脖子上那么多的装饰物，一定都是他心爱的东西，或者说是贵重的物品。头上的彩带、脖子上的项圈，以及手腕上重复着很多圈的手链，仿佛他是部落里最富有的人。如果有一天他离开了这个世界，那些美丽的装饰对他还有意义吗？

马赛人

非洲如此，原始部落如此，城市里众生亦是如此，看看身边那些喜欢名牌包包和品牌服装的人，那些是玩具还是装饰？同样，有些人喜欢花费巨资去装饰自己的家，找到更好的材料，更精美的工艺，不知道装饰的是空间还是心灵？

　　非洲马赛人14岁要离家出走去认识世界，年轻的他们随身携带的只有战斗武器，在未知的环境里他们想到的就是生存，经历了那个被过度装饰与追逐的中年，老年的马赛人齿摇发落守着自己的部落，大概只有到那时才找到了心中的那个自己。

　　找到自己也好，帮助别人找到自己也好，设计都是为了让空间更美好。

　　美好的定义是什么呢？苏东坡说美是江上清风、山间明月，如果有人陪着一起欣赏这明月清风便是人间美好。

感谢在这段新冠肺炎疫情期间和我一起摸索
向前的小伙伴们。
我不知道这本书是否能够带来知识的增量，
如果我们探索的脚步能启发您的思考，
也许那就是人生设计的开始。

USER'S EXPERIENCE

使用者的体验

2

体验，听起来是以身体为圆心，以感受为半径，感受的触角有多大，半径就有多长。看得见的半径可以是伸展出的手和脚，也可以是游走的身体利用感官触达的范围，甚至还可以是我们的感官加上思想所延伸的长度。

作为这个社会的人，从文明开始的那一刻，
就在这台机器的高速运转中，我们看似可以根据
自己的喜好，作出不同的选择，又因为这些不同
的选择而进入不同的道路。

可是当我们拉高镜头，用建筑的视角鸟瞰这一切时，就能够看到我们每个人都似这个机器中承担一部分功能的零部件，如果没有特别的变动，似乎一生都无法脱离运转着那个功能的洞穴。在那个限定的洞穴中，每个人又在挣扎着尽可能地作出想要的选择。

就像作为城市人每天都要面对的，我们想要把工作和生活分开，可是人作为智能生物，不可能像程序一样简单切换。想要 A 面是生活，B 面是工作，到时间自动切换、完全分开，做得到吗？至少对于我是很难的，很多时候大脑的运转也不受我的控制。就像小和尚希望像老和尚一样砍柴时砍柴，挑水时挑水，做饭时做饭，有些老和尚也未必能做到。更何况从设计师的角度来看，工作和生活甚至在逻辑和秩序上都是一致的。

刚来公司上班的年轻同事，有的会在公司附近租个房。刚开始都会买一些自己喜欢的装饰小物件，有一次一个同事说她买了一块毛毡，自己制作成了一个多功能的挂件，遮挡了大柜子的侧面，她觉得那个大柜子的侧面就是一块平庸的大板，没有美感，不好看，和她想要的不搭。大柜子作为基本的生活收纳品，功能是必须的，这是房东配有的。剩下的毛毡被她废物利用做成了跳操用的地垫，新冠肺炎疫情暴发在家期间正好用于跟着屏幕跳《本草纲目》。像大多出租的房子一样，房间里的地面、墙面和顶面都已经做好了，其他大件家具也一样给配置好了，她能发挥的空间也只能是装饰品了。

生活中做的这些事情，跟她们刚开始参加工作、做设计助理时做的工作内容是一样的，空间的布局和大件的物品都是有经验的人负责的，小助理只负责一些小物品。工作和生活是那么紧密地连接在一起。当时因为新冠肺炎疫情大家都居家办公，每天开视频会，每个人的工作和生活就更加糅合在一起了。

即使这样，很多人还是不喜欢工作，好像生活的无趣都是因工作而起，如果能够更开放地来想这个问题，那么生活的有趣也可以来自工作。工作的起源是为了解决具体的问题，为了更高效地把很多人集中起来，慢慢才形成了解决共性问题的工作。也有人会说，解决自己的相关问题是生活，解决别人的问题就是工作。如果做的真正是自己喜欢的事，体会到更多的乐趣，也许就没那么纠结于是工作还是生活了。做个会生活的人，可以帮助更好地工作；工作也能改变生活状态，也能促进更好地理解生活。

如果能够在理性的工作中加入点生活的感性，

是不是会让工作和生活都更有趣味呢？

场景 A

Leon 买了一套结婚用的爱情公寓房。当前市场上大多数的公寓房，已是一种相对成熟的产品，精装修的标准，基本功能都以一种相对集约的方式呈现，不管是空间、功能，还是在材料和工艺的选择上，都很集约。Leon 入住前的改造很小，维持基本的功能分区，墙体不变，即使不做任何改动，按照原有的交付标准，也能满足基本生活和收纳空间的需要。

原有的空间像大多数商品房一样，完整的天地墙基础装饰已经具备，地面是大理石或地板，墙面为木饰面或乳胶漆，天花造型基本保持平整。局部细节，可能有石材造型、有木饰面，部分墙面有墙纸，等等。

因为墙体不变，所以石材这一区域肯定会被保留，况且石材改动起来也会给施工带来较大麻烦。装饰木饰面的颜色如果还能接受也还是可以保留，但是木饰面的颜色和纹理最好和后期的家具颜色呼应，需要考虑二者能不能协调。如果能统一在一个色系上，基本可以保留；如果不能，这个空间中未来以哪个颜色为主导，是否能够融入其他的颜色，最终空间的主导色是什么，点缀色是什么点要不是影响大原则的问题，可以放到后面来协调。影响大原则的，则在前期一定要想清楚。

当然也可以进行颠覆性的空间改造，但对于第一次买房的人来说，留给室内装饰的钱并没有那么多，最后有可能还是一切从简，保持 80% 的原有建筑空间，仅做局部空间小的改造。

无论如何，第一次拥有个人空间的兴奋感，还是会找到可以释放的地方。虽然大部分年轻人会在成本上受到一定的限制，但还是会想着去买一些自己喜欢的东西，好玩的、有趣的，或者有自己独特属性的物品。作为设计师，这样做起来会更灵活多变。比如，相框里可以是照片，也可以是自己手绘的一些简笔画，还可能会是出差时千里迢迢背回来的两块红砖拓印。

闽南的古厝很多都使用这种红色的砖，有些砖上会雕刻一些图案，时过境迁，没想到这原来的建筑材料有一天会变成手办礼物。它可能被用于砌筑、再被拆除、再被捡起又被遗弃多次，已经不是一块完整的砖了，但有些图案还能保持得相对完整。人们用拓印的方法，做成了一系列不同颜色的小画。这些砖可能是明代的，也有些是清代的，所以图案的笔触有古拙之风。

用图画来装饰空间古已有之，我们和古人其实没有区别。远古人在还处于蒙昧时期时，就自发地在居住空间的墙壁和顶上留下了图案，在人类建造的建筑出现之前，远古人已经用壁画来装饰洞穴了。而从现存的金字塔和神庙的遗迹中，能看出那时的古埃及人已经能够很成熟地应用绘画和壁画来装饰墙面了。

古人会不会想到这是生活还是工作？或者两者都不是？那个时候也许他们的心中只有生存。

今天的人们或许有一半的人能接受这些，既是生活、也是工作。

神庙里的装饰

尤其对于刚入门的设计师来说，专业基础的修炼，也都是从身边的认知开始。比如，在原有空间中添加一些个性化的元素，虽然是基于很多限定条件，但是融入个人生活，带着自己思想，就是一种惊喜的探索。

这些局部的小装饰，可以是画，可以是装置，可以是玩具，也可以是绿色的植物，万物皆可装饰。只要是个人喜欢的，况且这些装饰大多没有什么实际的功能可言，只要尺寸合适、颜色和谐、感觉舒适，都以个人偏好为准，没有对错。

这个过程，随机也随意，不过每个物品背后，都像一面小镜子，照出你自己是谁，喜欢的是什么，不喜欢的是什么。这些小物品站在那里，仿佛也会让你换个角度来认识自己。

在短视频铺天盖地的今天，人总是不由自主地像电影镜头一样地思考，跟随那些慢慢推进的特写，看得出，有人喜欢井井有条，房间里的每个物品都各有所属的空间，连钥匙的位置都分毫不差。有人则是随性自然，一进屋就东西乱飞，买的东西也是随处摆放，今天放这里，明天放那里，物随心动。

也有人是在一定范围里的随性，甚至玩具都是二元性的互动，开心时以 A 面出现，不开心时摸一把就以 B 面出现。

我一直觉得作为设计师，会生活的人往往更会工作，尤其是其中的年轻人，刚踏入社会，这个场景不仅仅是生活空间，也是工作的空间，甚至还可以是社会实践的一部分。

如果我们把原有的地面、墙壁、天花的硬装空间比作是一个社会，你如何融入这个社会，原有的功能性的大件家具和生活用品，就像是你周围的人和事，你喜欢不喜欢，它们就在那里。你如何去与原有的这些环境互动形成新的空间关系，你选的物品又如何与之很好地配合，让各自发光？是无声无息地装饰其中，融为一体，还是就想做那个特立独行的玩具，以石破天惊的姿态，冷眼旁观地站立？

如果你对空间的功能有自己的理解，不想按常规复制，那么可以在小范围内布置具灵活性的功能家具，这样可以形成多功能应用，在原有的空间中，折叠多出 20% 的多元空间的功能性。比如传统的客厅是放了沙发和茶几的，但通过统计触点感应数据，这对组合在实际中的使用率非常低，一年下来，你真正使用沙发的时间每周不到十个小时，而其却占据了客厅最大的空间，也是购置的家具中花费最大的一项。这些数字大部分人是没有统计过的。据不完全统计，一般家庭中使用书桌的时间至少是沙发的三倍，使用床的时间是沙发的五倍。

想想这些奇妙的数字，其实可以根据你真正的使用功能，把沙发换成家庭共享的长书桌，这样你还可以在邀请朋友来的时候与他们更好地互动，开大 Party 效果还很好，即使没有朋友来，还可以作为多功能操作台使用。

利用这些软装工作中的设计技巧，从根本上识别出独属于你的个性化的生活，至于颜色和比例，这些都是基本技能。在这个案例的小空间里，颜色可能更加重要，最简单也最有趣。如果你善于驾驭颜色，就可以多选几种，彼此呼应，自得其乐；如果不善于驾驭颜色，尽量越少越好。有些人就喜欢黑白配，可黑白灰也可以玩得很好。比例则和家具选型有关，更深入的参数和人体工学有关。普通人考虑形态与趣味性，比如陀螺椅，不管是小空间、大空间，许多人都喜欢在上面晃来晃去。

多功能互动空间

因为是个人居所，最重要的当然是生活在其中的人。作为设计师，不能以自己的个人喜好去设计，但是设计的价值，也不是一味地取悦于房主人语言的要求，更重要的或者说更有意义的事情，在于帮助他找到自己、认识自己，引领他未来几年的生活，如此才是真正做好设计。当然说起来很容易，这中间要平衡的度则需要长久的训练。值得高兴的是，设计师的工作可以让别人生活得更美好，也可以让自己工作得更开心。

场景 B

我的朋友 Jessica，因考虑孩子上学的事，换了一套大房子，从浦东换到了浦西。虽然他们的资金充裕，但作为年轻的实用主义者，他们并不想在装修上花费太多的钱。从这一点也能看出时代的转变，年轻一代的人和老一代人很大的不同就在于，年轻人并不会花费巨资进行奢华的装饰，他们可能会考虑用这些钱去买艺术品，或者寻找小众的自己喜好的收藏，其思维的起点，一方面是对投资的理性，另一方面是对自己的偏好有清晰的了解。

这种因消费观的不同而作出的选择，更清晰地体现在地区差异上。笔者认识一个在浙江慈溪工作的设计师，她说当地的很多有钱人会花费巨资来装修房子，大理石的费用都是千万级的。我想这样的选择，也许有很多种原因，或许有当下的感受，或许更多考虑的不只是眼前，他们希望这所房子会流传多年，或许他们对未来有更多的向往。总之这种消费观，在年轻人或者说是在大城市的年轻人的思想中，不太会有了。是当代年轻人没有考虑未来吗？还是觉得这些当下昂贵的东西在未来未必是珍贵的物品？

总之，当代的年轻人在有个性、有财力做空间改造时，似乎是更务实的。他们更关注眼前的物品，更关注眼前的人和事、眼前的环境。在平面功能布局方面，可能不按照原有布局，甚至会把能拆的都拆了，只留下承重墙，然后进行网格化划分，重组房间功能。功能区域重置，往往会带来惊喜的呈现，甚至可以创造出完全不同于你曾经想象的样子，那会是一个完全属于某个人、某组人、某个家庭的独一无二的空间。

这种时刻经常会出现一种状况，有人突然发现自己居然不知道自己要什么空间，甚至 80% 以上的人没有真正思考过自己想要的环境和状态，没有真正梳理过自己的生活。

居住空间的室内设计，特别是针对自己居住的独特空间的设计，其实是认识自我、梳理自我认知的一个很好的契机。如果可以，就好好利用这个机会，由内而外思考，再由外而内地反向认证，通过探索生活空间，去探索自我的心理认知，通过对空间的优选选择，更进一步认识心中的重要性排序，从而对自己有更清晰的认识，那将是设计师和房主本人最大的收获。这个过程有可能会反复，这些反复的过程就是不断认识探索走过的路径。

在开始做设计工作之前，不妨拿一张纸，和设计师一起列一张空间功能需求清单，在这些林林总总的功能组合中，哪些是可以两两或两三组合的，哪些需要拆分细化。经过这样一番系统化的思考与讨论，你就有了一张功能模块清单，一些是作为居所的通用功能，一些是你个人的偏好。

有些人会忽略这个过程，事实上很多人是在还没弄清楚自己需求的时候，再加上沟通的信息在交流中的失真，于是设计师便在不完全了解需求的情况下，只是单纯按照常规的方式，从几何组合角度出发去做方案，一番组合再经过各种修改之后发现不行，还要归零之后再从头再来。这样的工作方式，双方都很累，效率也很低。

科学地说，室内设计是一种空间策略的规划，这个我们在后续里详细讲解。在开始设计之前，要有一整套的准备工作要做，比如需求访谈、在场观察、实地勘查。

虽说是改善型的居住空间，面积一般也不会太大，假设你根据刚才所说的已经有了自己的功能模块清单，如果说是 6 大模块，包括收纳空间、厨房空间、餐厅和客厅等，这些功能的模块化，在布置的时候，可以像做拼图一样进行组合，这种组合也有很多种，差别在于相邻空间的选择。即使只有 6 个功能模块，如果按照排列组合也可以 P_6^5，至少也有 C_6^3，比如你可以让客厅和餐厅组合，也可以让客厅和书房组合，等等，差别在于产生互动和过渡的空间不同，这就会和要选择的生活方式有差异。

如果有这样一家人：孩子正值成长期，客厅空间对于他们来说像是一家人的共享互动空间，但他们能够接受去客厅化设计。那么客厅也许不需要沙发和茶几，而可以采取结合书柜与书桌的形式，这样父母和孩子就可以在这里互动，晚饭后一起阅读，一起做手工，可以于此进行很多交流和互动。这些都和未来生活的体验、家庭环境的氛围息息相关，在功能上所有的设计都是为业主的活动、生活服务的。

随着家庭结构的改变，不确定的变化也变得越来越多，特别是在经历了这次新冠肺炎疫情后，连续几个月的居家办公，让更多人对自己的居住空间和办公空间有了一个更深刻的认识，未来对设计的多元化需求也将越来越多。这次上海人经历了两三个月的"居家模式"，很多人都想知道，如何在原来以居住为主的空间中，改造出互不影响的独立学习空间、独立工作空间。这次新冠肺炎疫情期间，孩子们都居家上网课，家中有两个孩子的，可能一个在上数学课，一个在上体育课，这样的场景如何去做到多功能的空间切换。

再进一步，这些不同空间之间是否能够达到同属一家的共性与统一性？选择用哪种设计语言来协调？是否真的需要这样的统一性，还是各有不同也自然和谐，反而有变化的更快乐？人在空间中的体验是怎样的，如何设定引导行动路线，如何设定变化的视线控制？这些大方向的主导思想确定之后，才会动用到设计师的技巧，比如分区、分割、寻找对齐关系、对称关系，等等。

根据网格和功能模块，需要调整墙体的对齐，一面墙的对齐还是连续的对齐？对齐之后形成的空间是否对称？空间内部的对称还是和相邻空间的对称？用什么方式来强调对称？或者就想创造视觉的空间不对称性。有没有视线的穿透，需要在功能模块布局完善之后，寻求细节的完整性。

完整性或者说空间的整体性作为一个设计概念，可以用很多种设计的语言来表达，比如对称体现秩序规则，也可以用不对称，形成空间上的势能，从而在心理体验上产生空间上的引导性。动线会不自觉地进行转折，视线也会自然地跟随转变，但设计语言的统一，又能让这些统一在整体之下。

所以空间的统一性，在空间布局逻辑上统一之后，如果要做到视觉上的整体，还需要一些共同的元素来作设计语言的统一，比如同样都是线性表达，或同样都是分离关系，抑或同样的分缝关系，这些材料和分割方式的设计语言都是保持空间一致性的方法。

在立面语言一致的基础上，也可以选用多种方式使之产生一定的变化，这样可以呈现出动态的视觉效果。比如说都是分割，可以变化分割的方式，或者是色彩的变化、材质的变化等，这些都是设计的丰富性与趣味性的表达。均衡性的变化，可以增加平面的趣味性和灵动性，这种均衡性，还有引导视线不断的延展作用，比如从左边延伸到右边，从局部到更大的空间形成新的均衡。这个延展的过程，自然形成空间的流动性，这个流动性可以和功能动线一致，也可以只是在视线上流动。

经过这样相对严密的空间规划之后，空间的完整性和均衡性就能够比较好的完成了。设计的深入当然不会止步于此，还可以继续向三维空间延展，形成空间逻辑，这样就能够在空间诸多方面中形成体块的关系、造型的秩序等。若你用这些方式建构了你的世界，有没有像在玩电子游戏《我的世界》（Minecraft），叠加了创建新世界和找到了自我般的窃喜呢？除了空间的建构之外，我们还可以通过软装来帮助完成生活场景的再造、趣味生活的升级、交互空间的呼应、颜色的和谐等，这些方式都可以为空间增色。

如果探索得更深入一些，我们还可以将独创性的设计融入其中，比如除了那些系列产品外，我们用主人家祖传的一块门板结合钢材和玻璃，做成了茶桌。这个有着家族记忆的物品，既有家族的传承性，也有与现代创新工艺的组合，古朴又现代，还有曾经的故事，这是他们家独有的。

比例在立面分割与平面构成中的应用

场景 C

我的一个老朋友，因为投资做得好，有了很多人梦寐以求的财务自由，换了别墅，有了更大的空间。如果说前面都是针对居住空间的螺蛳壳里的修炼，这次可以考虑空间再造。可以结合原有的框架结构，承重墙的限定，重新布置空间功能，用大开大合的设计方式，把功能全部重置，必要时可以进行结构加固。

随着科技的发展，未来功能模块化还可以借助人工智能的想象力来创造更多的设计方案。在强大的算法面前，空间逻辑借助很多数据被天然优化了。这些被规定过的程序，在执行规范和穷尽规划布局方面肯定比人的算力更高效。在这种应用场景下，设计师的价值在于决策的优势，如何从海量的信息中识别出最合适的，再在此基础之上进一步优化出最优解。

算法规则的完善性所形成的空间，可能会呈现出更强的空间秩序性，采用轴线和对称等方式，做分区布置，区块与区块之间有一些交互空间，形成过渡和流动。交互空间巧妙之处在于多种形式，可以是区域交互，形成功能交互产生人的交互，还可以做到光的交互。

空间统一性，可以通过功能墙面的严谨细节形成秩序和韵律，阳角的连续、阴角的分离都能帮助形成体块关系。局部的转折与凹进也能形成缓冲空间，就如呼吸的节奏一般。

纯粹的一致性很容易形成一种精神空间，越简单越崇高越不可知。体块构建也是一个不断升级的过程，从局部到整体，又融入一个更大的体系。由点成线，从线到面，又从面到体块关系从而形成空间关系。我们把视线从单纯的面，放大扩展到体块的关系，这样空间立刻就在你的眼前展开，从二维变成了三维，刚才的面就被拉伸了，或者被压缩收纳了。有了体块关系，就自然形成了围合和间隙，有了内与外的活动空间。这有点像自然中的高山和峡谷。这种错落与对比形成了场域中的张力，自然而然地在空间注入了能量。

很多人喜欢这样纯粹的空间，认为添加一切都是多余的，额外的装饰会破坏空间的统一性，事实真是这样吗？

确实有一部分人，他们丰富的精神超越了一切物质，因此在他们的生活空间里，只放置了基本的生活用品，其余就让自然能量来填满，光的变换，自然的成长，就是最好的空间装饰，这是另外一种回归。

不过大部分人还是社会的人、物质的人，需要靠物质自身的能量让生活更充盈。空间中的物品一般分为两种：一种是有用的，代表的是生活；另一种是无用的，代表的是经历。如果能够让物质与精神相连，就会形成某种稳固态，这种稳固态和时间相关。因此很多人愿意去用经历过时间的古董，或者用持续到未来时间的艺术作品去装饰空间。作为设计师，我们经常去看展览，去看看伟大的作品，也有利于激发自己的创造性思考，这是非常好的学习途径。艺术品在精神空间，能够带来创新和启迪的灵感，欣赏者的灵光乍现带来的愉悦感，这些往往是创作者自己都没有想到的。

还有一点就是传承性。有些人喜欢用最好的材料来装饰房间，也许就是因为传承的思想，想留给未来的人，或者给未来的子孙留下一些什么。就如同百达斐丽的宣传语："你从来不曾拥有一块百达斐丽，你只是为你的后代代为保管它。"这种意在传承的思想，可能启发你的就不单纯是物质的，还有文化与思想的传承。因为想到了传承，才开始重新定义自己家族的文化。

说到此处，我想要插入一点大才女李清照的故事。大家都知道，李清照有很多的古董、金石字画，很多人觊觎于此。这些古董在那个兵荒马乱的时代背景下，给李清照带来了不尽的麻烦。所以世人对于古董的所谓收藏，其实是代为保管，因为最终还是要回归世间。

设计做到这里，作为设计师要倡导什么样的生活方式，会给这个世界带来什么样的影响，要能够启发大家有怎样的物质生活和精神生活。于是我们开始内省自己的言行，也许只是想做好自己，却在无意中影响了更多身边的人。

所以工作会让我们自我精神升级，空间体验带给我们的远不只是物质空间的装饰，还有精神上的愉悦。所以，创造那些可以帮助我们到达更高审美体验的空间，物质和精神就是这样彼此交互着，工作和生活就是这样彼此推进着。

人生是个圈，设计也是个圈，以人为本，以人的生活为半径，旋转过的范围都是功能区域，在那个满足功能的圈里，满足了视觉的审美需求，呼应了情感诉求，精神上也达到了与空间的共鸣。功能的边缘，才是设计师的掌控力，触及到的新功能，又反过来启发未来的生活。

很多东西若不亲身体验会感觉都是虚的，身处其中时才会真正理解，如同知识，看过、读过仅仅是书面知识，唯有经过练习才会变成你的技能，进而转变为你的智慧。功能是和设计密不可分的话题，认识功能的最好方式莫过于以自己的生活为工具，体验居所功能和设计。所以空间不论大小，都是从功能出发的，对于居家空间来说，也是从生活出发的。

深刻洞察了空间体验的还有开发商，四十年疯狂发展的房地产商品房，从最初样板房展示的功能齐全性，到后面为了展示而过度附加装饰，再到为了销售而营造生活场景，未来也许会回归到空间本质，回归人的生活本质。

空间表象的变化万千，背后是多种因素综合作用而致。透过居所的功能转换，可以看到商品房市场的变化，透过这些镜像的碎片，也能折射出一代设计师个体成长的过程。

当经历了无数个空间改造体验后，被影响的不只是空间的使用者，同样也会影响到设计师。上文提及的各种不同空间、不同维度的推导中，变化的是房型，其实也不是房型。即使房型没有尺寸上的变化，没有从小到大的变化，也可以经历这个过程中说到的每一个环节的 ABC 功能场景的演进。

大部分设计师刚开始参加工作的时候，只能聚焦在局部的点，比如只能从事卫生间布局的工作，一年只画个卫生间也是大有人在的。也有可能是配合设计师找参考图，现实中确实有许多设计师没有形成自己的设计逻辑，做设计也只能是从对照参考意向图开始。还有可能是配合做一些执行类的工作，比如帮助平面填色、排版文本。在做这些重复性的工作中，是否能够学会思考？是否能够学会从单纯的手动到脑动的转变？是否能够学会对空间的理解，学会理解空间中各功能之间的关系？通过与其他人的配合，进而理解团队和与团队成员之间的协作，并把这种整体与局部的理解应用到项目空间的思考之中。经过了这些小空间的训练与思考，慢慢地就可以对接更大空间的工作，也能应对相应更复杂的工作，比如材料和颜色，比如家具和装饰等。随着能够承担更多的工作，自己也会在团队中越来越有存在感，你看到了别人，别人也看到了你。如果可以更进一步，你可以从头开始，重整空间，对空间定方向，确定空间逻辑，这个时候的你，看到的不应只是眼前的问题，还需要看到潜在的问题，预见到未来可能会发生的问题。自己做的同时，还要兼顾与团队伙伴的配合，思考如何去改进和优化，是不是有更好的选择。也许摆在你面前的方案有很多，通观全局后找到那个唯一解。这些过程都是不断自我追问、自我否定、自我探索的经历。

慢慢你就会明白同样的空间其实是有无数解的，就像很多设计师都读过《风格练习》这本书，同样的故事，用不同的方式去讲述。同样的房子用不同的设计语言去表达。同样的空间，每个人需求的动线是不同的，所以由此推导出的房型布局是不同的。

即使是同样的房型，针对不同区域的人，一个在四川，一个在上海，各自的需求也会有极大的不同，因此也会体现出不同的功能平面。同样的平面，因为材质和颜色的不同，可能做出完全不同的体验。同样的平面、同样的材质和颜色也可做出完全不同的生活。同样的颜色氛围感受，因为不同的使用场景和功能需求，也可能做出完全不同的样貌。

杭州的法云村里每一间客房都是按照当年古村老房子的布局来设计的，推开门就是堂屋的感觉，中堂挂画，靠着墙壁是长长的案几，两侧分布着功能房间，一侧是卫生间，另一侧是卧室，卧室中兼有书桌和电视柜。

今天在浙江的农村中一些房子的布局也是这样的，甚至连白灰的墙面上涂抹略微的灰色，也仿佛是日日炊烟给着了色，读出的是时光的痕迹，惟妙惟肖。我想起了王澍设计的松阳民居里有些真的是有烧火的地锅，这也许就是设计与非设计的趣味，你以为是设计师设计了你的空间，其实是被你自己的生活所设计。

"人是万物的尺度"，我一直感觉这句话很像口号，甚至认为要时不时地反叛一下才是有思想的设计师。可是在面对空间时，自觉不自觉地还是在以人为中心展开所有的思考，那个没有意识而一直存在的统一是不是很有趣？就像少年时为了叛逆而叛逆，年轻时为了设计而设计，中年时为了装饰而装饰，老年只想好好做自己。

王国维在《人间词话中》说了成事者大都有三重境界：
昨夜西风凋碧树。独上高楼，望尽天涯路。
衣带渐宽终不悔，为伊消得人憔悴。
众里寻他千百度。蓦然回首，那人却在灯火阑珊处。

我觉得在生活方面，设计自己的空间也有三重境界：

人生的第一套房子好玩，有爱有趣有惊喜，有一种人生得意须尽欢的喜悦。
人生的第二套房子舒适，工作生活千头万绪，在舒适的环境之中才能找到自由自在。
人生的第三套房子简单，如同我们人生的探索，找到真我，找到自己喜欢的，不跟风不追随，摒弃繁华，简单做自己。

人总是要过了很多年之后才能学会反思自己真正要追求什么样的生活，才能不辜负这一生，我们都只是路过人间，百年之后大部分人可能没有留下任何痕迹，少数人或许能够留下名字，即使留下名字也可能只是一个集体记忆，或者为了某个目标历经几代人共同完成的一件事，想想也是很有趣。如果未来是那样的，那么今天我们所做的一切都只是实验。不妨试试实验性地脑补一下，你会如何设计自己的房子？

CREATOR'S
EXPERIMENT
创作者的实验

3

回望 20 世纪八九十年代，在上海市场上做室内装修的人，大多是来自江苏南通和扬州的手艺人，自己会做木工和泥水工，至今偶尔还会见到这样的老师傅，还在从事着同样的工作。

商品房的启蒙时代，人们对于室内设计还没有太清晰的认识，刚改善了住房空间的人们能够想象的装饰，就是用市场上的表面材料，把建筑浇筑的水泥地坪和墙面装饰起来，功能性的水电排管布线到位，冷水热水空调齐全，地砖墙砖对缝整齐。视觉上，横平竖直，工艺整齐平整度好和接口做好，就是赏心悦目的满意。不同的手艺人，组成了一个施工队，大家相互帮忙，一起配合，完成了一个家的装修项目。

时间飞快地划过了 20 世纪，拔地而起的不仅是各地的新楼盘，还有如雨后春笋般的装饰公司，伴随着高高堆叠的材料样板踏浪而来。还没来得及学会如何欣赏这美好生活的人，开始迷失其中。面对各种装饰，开始盲目地选择，摇摆在各种风格中，忽繁忽简，忽东忽西。

不管是使用者还是创作者，都还没有来得及进行系统的建构，大多数还只能用材质来堆砌，沉浸其中的人们都在随波荡漾着、摸索着。耳濡目染后，人们开始对室内设计有了更深刻的认识，于是就来到了新学生入场的时代。这一波的从业者大部分是学了几年的专业知识，但还没有实际操作过。这时候还有一些国外的公司，也开始进入国内市场。学生们进入职场，一部分人跟随境外的设计师开始操练，一部分人开始自行通过项目来洗礼，于是室内设计真正来到了百花齐放的季节。

但室内设计却是一个年轻的行业，室内设计师也是很晚才有的名词，沿用建筑师的定义，作为计划、研究、协调和管理室内项目的人，这其实是涵盖了多方面学识的一个职业，还可以细分为概念开发、空间规划、现场检查、施工管理和设计执行。当然，今天这些工作可能会被拆分成很多个岗位来完成。

在这个行业真正职业化之前，很多室内设计师也是艺术家，很多建筑师也是室内设计师，未来可能都是建筑师来做室内设计，或许室内设计师只是阶段性出现的一个词，这一点值得所有自称为室内设计师的人深思。历史上，一直有邀请艺术家创作壁画或用艺术品来装饰空间，伟大的米开朗基罗和达·芬奇都曾经被邀请创作壁画来装饰空间。

随着国内房地产业的高速发展，建筑业各项工作越来越细分，也促使人为地拆分定义室内设计是改善建筑物内部的科学和艺术。在建筑内部的限定空间，室内设计工作还进一步被粗略地分为两个部分：功能性设计和非功能性设计。

功能性设计包含空间规划和设计，比如规划平面图，家具布局，选择配色方案和材料与肌理等。这些基本的规划和选择工作，从根本上改善了人们居住和工作的环境，同时也提升了空间品质。

非功能性设计包含了对地毯、挂画、艺术品等装饰物的选择。这些我们今天称之为软装的工作内容对空间最大的帮助就是，能够让空间更具有个性化，同时也能够改善空间氛围进而影响人的情绪。

无论如何，过去四十年我们的房地产一路高歌猛进，日新月异的房价绘制出一条斜率陡峭上扬的曲线。曲线中那些逐渐变化又分离的数字，看似相近又渐行渐远，不知不觉中产生的分化，如同这个行业的从业者，在一拨一拨的更新换代中，逐渐形成了今天常见到的三类设计师的格局：

　　一类是建筑生，懂建构、空间的形态，更有逻辑性。

　　一类是美术生，懂构成，结合色彩构成和平面构成美学。

　　一类是工程生，懂科技，结合工艺与材料，呈现工程美学。

　　这三类人也对应了室内设计工作所需三方面的技能，或者也可以说是三种常用的工作方法。而且有些基本技能是必不可少的。任何一个项目，不管谁来做设计，都无法回避基本功能和空间动线这些基本问题。

　　满足空间的基本功能和空间动线后，才能进入下一步展现个人特色的阶段。更何况面对具体项目时，不仅需要单一方面的技能，而且需要多种技能的综合应用。如果能够发挥其中之一的优势，甚至日积月累形成自己独特的风格，那是幸运的，也是每个设计师孜孜不倦进行自我探寻的道路。

设计的有趣之处在于，

即便在功能要求恒定的情况下，

每个设计师的解法也会是不同的，

但因为有些项目受制于空间范围，

可能变化性不大，所以功能动线会有很大的相似

之处，至少在大的框架和逻辑上是一致的。

比如入口处、接待处定了，空间限定之后，

每个人的布局还会有不同，

每个人都会给出不同的解答。

建筑师给出的解题思路，可能会偏向于形态建构，将整个空间三维一体化考虑，甚至会更多地考虑环境、阳光和风，以及是否能构建出自己内部的微环境。从平面到立面甚至到顶面的三维方向上的整体建构，让整个空间充满张力和能量。建筑师还喜欢在空间中通过组合、叠加、扭转等方式构成穿插关系，形成对景关系，以及透视关系，让人情不自禁地想要探索空间的趣味性。大多数建筑师对于材料的使用偏爱极致，更容易让空间更纯粹，极具空间精神。

相比之下，美术生的空间趣味性，更多在于构成关系的处理。色彩的构成关系，让空间丰富多彩，或者是根据材料的对比与分割关系，让立面的呈现更有精致与层次感，对于面料和纹样选择的不同，细微的视觉与触觉的差异，都能营造出大不相同的氛围与质感。丰富的装饰性空间中一定会有精心挑选的艺术品，那也是空间里的点睛之笔。

超出很多人想象的工程师的理性空间，那是科学家的性感大脑带来的惊喜，极致的比例与序列关系，以及工程美学的构成。技术与工艺的极致，让构件与精确的模数关系一起散发着数学与工程之美。他们经常不受现场条件的限制，而是以自己独有的方式、超然的姿态矗立在场地的空间中，像一种天外来客的存在，散发出独特的艺术趣味。

　　每一种美都有自己的特色所在，都能成就优秀的项目和伟大的公司。我这里想说的美，只想表达对美的不同感受。其实一直感觉没有绝对意义的美与丑。虽然大部分人在谈论一个空间的时候，都会简单粗暴地说"这个好美，那个真丑"等，但是美与丑的大部分情况是非常个人又主观的感受，对于项目或者对于空间不具备完整性意义。有一个采访，记者问莫言获得诺贝尔文学奖怎么这么低调，莫言说："如果我获奖的是诺贝尔物理学奖，你看我还低调吗？因为小说是非常个人又主观的事情，有人觉得好，有人觉得不好。"从某种程度上来说，这些解释同样适用于设计、适用于空间。或者也可以说没有经过时间选择的东西，都只是历史进程的节点而已，节点中的美与丑都是存在的。当然从公司经营的角度来说，找到一些评定标准，有利于对品牌的认可，所以很多公司疯狂参与评奖，通过评选奖项来证明自己设计能力的好坏，这对于公司的阶段性发展是有好处的。存在总是合理的，没有对错。

　　更何况作为空间呈现和空间体验，从视网膜的感性判断出发也是人类的本能。科学家也论证过，人类经历了几亿年的进化，形成的无比精密的视觉系统，也是我们认知系统中最直观的信息来源。普通人也会有本能的感受，不管是从空间出发，还是从平立面的构成出发，又抑或是从材料工艺出发，最终都会通过我们常说的五感，即视觉、听觉、触觉、嗅觉和味觉，这些形成了我们整体的感受。当然这其中，我们信息来源的 80% 来自视觉，所以对美的感受应该也是这个比例关系。

人对于空间的体验是三维的，所以，设计的具体操作也是从三个面开始的，在三维空间中的游走就形成了行为动线，行为动线一方面是满足功能需求，一方面也是对行为的界定。

空间是三维的，自人类从北非大草原的树上跳下来的那一刻起就是这样，那样理所当然的上、下、左、右、前、后，只是不清楚人们何时开始有了空间方位的思考？相传大约在 18 世纪中期，一个名叫皮拉内西的人开始创作一系列被称为《卡西里·德·英芬辛内》（Carceri d'Invenzione）即"虚构监狱"的蚀刻版画，很多人在书中或者网上或许都看到过这些版画。图中描绘了一系列奇幻的场景，交错的空间，令人眼花缭乱的视角，迷宫般的结构。这种独特的空间视野，是人类第一次呈现对三维空间的表达，似乎是对自我空间的觉醒。

虚构监狱

当时的他们肯定不知道，在遥远的中国，

有一种孔洞相连的太湖石，切开太湖石所看到的

剖面，跟这个交错的空间有异曲同工之处。

不知道是不是受到太湖石的内部连通性的影响，

生活在那时的人们得到了这种交错空间的启发，

并将此应用于中国园林设计之中。

人们可以在园林中移步换景，不同的游走动线，

形成不同的景观视觉体验。

今天这样的透视思想被东西方的设计师广泛应用于很多设计中。不知道西扎有没有受到太湖石启发，当我走进他设计的宁波华茂艺术博物馆时，分明感觉好像走进了太湖石的内部。贯穿内核的灯柱照亮了整个中庭空腔。空腔与周围功能房间于墙壁开窗，形成了类似太湖石交错的洞孔相连。这些交错的洞口，又形成了不同的对望关系。西扎在外部又给太湖石加了一层黑色的表皮，让人从外面看是一个完整有秩序的整体，走进去的感受却完全不同。展开折叠的内部，呈现出太湖石多孔多窍的空间，又像是一片起伏的山脉，向内折叠后再各自凸起与凹入。

空间的变化性，体现在变化的位置，变化的视角，变化的风景，也就是移步换景。建筑的顶部有窗有光，游走其中，仿佛顶部的光一直在引导你前行，让人想起西方教堂的尖顶。不同的文化也会带来不同的审美体验，同样是高耸的建筑，西方的教堂的尖顶，想要传递给路人一种指引；东方的塔，在奶奶的话本里都是"宝塔镇河妖"，则给人一种震慑的作用。这就像是，同样是积极向上的学习，有的孩子心中有热爱的目标，由自己所爱的驱动；另一种孩子却是由恐惧驱动，如果不够努力就会失去很多机会，

宁波华茂艺术博物馆内外部图

如考不上好学校等。他们都很努力，最终也都是学有所成。

我们走进贝聿铭设计的苏州博物馆。踏入大门的那一刻，首先看到的是白墙灰瓦的建筑，通过水面形成镜像关系，一虚一实，蔚为壮观。水面上穿插着石桥，参观的人驻足在不同的位置，形成了看与被看的关系。

踏上石桥，是云墙的最佳观赏位置。黄石、白墙、青瓦檐和绿树，如同自然界原有的秩序一样，从下往上，各安其位。剖切开的黄石，姿态各异地以各种变形的三角形式倒映在水中，如同在空间中展开的一幅画。简单的白墙是最好的背景，描边的青瓦檐外，是隔壁拙政园高低错落的树梢，微风中此起彼伏，婆娑摆动。

这类似平面美术构成方式，用色彩和形态，让人产生联想，甚至会链接记忆中的一些意想：那个云墙，是不是像米芾的云山；想到画中笔墨的腾挪与蜿蜒，层次与错落，甚至这安静的云墙立刻在你的心中变得云雾缭绕又气势磅礴起来。

一走进建筑，开阔的大厅连接着两侧的长廊，通向不同的端景，连廊的立面有间隔的实体墙和玻璃，透过玻璃窗与外面的园林形成透景关系，内与外也是互为彼此的关系。

中庭的楼梯是钢结构加大理石的材质，金属的强度，加上大理石的装饰面，简洁且能够满足结构的现代性；内嵌的大理石，可以保证大空间的稳定性和质感；钢筋斜拉的吊灯，让整个空间充满了结构张力。这种充满了工程和建筑的方式，用合适的材料，将建筑的设计感由室内传递出来。室内家具的构成也具有建筑体块感。材质和造型的块面感，不同材质连接的分离感，如同建筑的结构方式。

云山对比

如果说太湖石是内向的折叠，那么我们日常见到的城市的街巷广场和口袋花园，是否就如同外向的展开了呢？还有那些随处可见的建筑灰空间，是不是也都算是太湖石孔洞的扩大化呢？我顿时有一种这个世界是太湖石的感觉。

但世界不是太湖石的，除了空间体验，大多情况下我们都像是水中的鱼，没有看到空间，反而看到了更多的平面。比如苏州博物馆的云山，你会把它当作一幅平面的画来欣赏，人们的心中仿佛自带二向箔，自动地把立体读成为平面，甚至在设计三维空间的时候也会自动展为平面构图。

至今依然流传很广的于18世纪末设计的牛顿纪念堂，未来主义风格和纪念碑式的设计图，虽然没有被建成，但是被很多人当作伟大的绘画作品来欣赏。这种几何构成的方式，作为一种现代主义的美术风格，被很多艺术家在绘画中不断地再创作，同时也作为灵感，被应用演绎到其他领域中，比如充满建筑感的纪念碑谷游戏就是这种几何构成的场景。

这种相互的影响还会在一些大师身上被放大，众所周知的勒·柯布西耶的作品，深受毕加索和乔治布拉克立体派绘画的影响。反过来，勒·柯布西耶设计的萨伏伊别墅和朗香教堂，除了对现代主义建筑产生深远影响外，也给雕塑和绘画艺术带来了巨大的启发性。

不管是建筑、平面，还是工程，只有互为工具，才能成就好的项目。好的设计师总是能够跨越边界通过不同的途径汲取养分，又在项目中互相启发，只有综合了各自的优点才能够有完美的呈现。有空间的游走与互望，有平面的构成性，有材料和工艺的完整性，才能创造三维空间的体验，才有了美的感受。如果再渗透一些历史和文化，就产生了更感性或者更深刻的共鸣。

设计师的自觉性，还体现在除了内部互通三类之外，尝试使用三类背后更基础的在其他领域被验证过的构成逻辑。这其实也是新手设计师修炼的路径，同时也能提高工作效率。这种无意识状态，其实是长期以来形成的惯性，潜意识构成了内在的逻辑。有些看似感性的设计，看似是天生的敏感，更多是长期训练后生成的技能，而且这种感性表象背后的规律和理性的抽象是一致的。比如大家都知道的比例，不单单是黄金比例，还有很多奇妙的数字比例，作为设计的实验性，就像神奇的数学一样有趣。

设计从某种程度上看也是一座很好的桥梁，在连接科学和艺术的同时，也连接数学和美术，神奇又美妙，如果能够掌握这一神秘的工具，设计师的效率会有几何数量级的提高。总之，这些相互关联的隐藏规律，在一个独立的空间中共同呈现时，会暴发出强大又发散的想象力，设计就开始了。

先从一个小的商业空间、一间"美黑"店开始。这类小店的面积都不大，甚至可能是一眼就能看穿的平面，功能简单、空间清晰，能够更容易展示立面构成以及与地面和天花的连续性，也就是平面在三维空间的延伸。

"美黑" 1 号店

"美黑"是什么？

先来普及一下基本常识，"美黑"文化来自西方，特别是一些自律的精英人群。他们注重健身，追求工作、生活的平衡，有在工作之余去海边度假的习惯，回来时大多都精神焕发，再加上漂亮的小麦色皮肤和平时自律的生活习惯雕刻出的雕塑般的身体，这让很多人都迷上了"美黑"，喜欢那种被阳光晒过的皮肤，仿佛会释放出太阳的香味。

如此看似表面却有着深刻思想认知的空间，要如何表达呢？空间功能和使用情况又如何呢？当遇到这些不解时，在信息科技如此之发达的如今，想要了解这方面的知识并不难。谷歌、百度、抖音或小红书应有尽有，从这些工具类的应用上都可以查询到相关资料。甚至能查到，甚至也可以大致了解到以什么空间关系、什么形态、什么材料与色彩，来创建这个空间。

"美黑"一方面显示的是那种淋漓畅快的人生，自由的精神，原始的呼唤，人类天性的释放；另一方面是那种克制的力量，禁欲主义内心深处的强大力量与波动。有人说，真正的热爱是不需要动用自律的，但是大部分人，真的还不能够摆脱这个多元又混乱的选择，只能靠所谓的自律来帮助寻找。因此自律必然需要强大的内心力量才能做到，展现出来的是人们口中的性冷淡，纯净又克制的空间。一方面和另一方面，听起来像是两个极端，这样拉扯又纠结的空间，人们会喜欢吗？也许并不愿意长时间停留其中。听从内心，是不是就是解锁万亿年 DNA 的隐藏密码，人类作为大自然的信徒，天然的会相信自然就是最好的选择，最好的老师，自然的未来也是最好的归宿。

空间逻辑

极小的空间，也需要梳理空间关系，人流的动线，服务的动线，哪怕是产品展示的动线，如何有效地利用空间，从大到小形成统一的逻辑。这其中也会有无数种可能性，基本依照空间为人、为功能而生，简单的做法是按照功能模块划分空间。可以尝试像小时候做几何拼图一样，在原有平面上画线分割。三维的思考就是在原有空间中加入了两套墙体系统，形成三个功能体块，用梁柱的方式做连接，用体块形成流动的空间关系。

用拆解的方式来阅读的话，在整个空间中看到的就是线和面，这是一种纯美术的方式。面的结合又形成了体块的关系，加上光的助力，就形成了阴影，阴影让我们识别出形体关系。所以，你看到的就是平面在空间的延伸，立面上的平面构成。

空间中只有线和面，与体的关系。

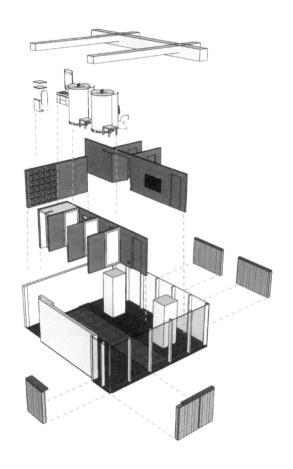

爆炸图

到达体验

空间的到达，一般分为两种，一种为融入环境的，让人不知不觉地进入一个空间；一种是人为的区分，特意告诉人们，这里就是一个结界，从一个空间进入另外一个空间了。想要给人什么样的感受，须从入口处就开始营造。如何选择，没有绝对的关系。可以是外部的环境跟内部有共性，想要内外产生联系，甚至想坐在里面看到外面。或者外部和内部环境非常不同，形成对比与反差，想要打开也可以。有些人想要有进入空间的仪式感，一般在入口处就会拉开内外的区别。走进来的第一感觉，这是一个什么样的空间，是一个安静的空间，一个喧闹的空间？这些感受，大多来自材料的传递、空间的力量感、视觉的聚焦点、功能的讲解及材料的分析或制作工艺的特殊性。

这次的视觉焦点应该都在这种带有原始力量感的水泥般的艺术涂料上，虽然是平直的线面体建构出的空间的流动感，同样能传递出现代人洞穴式的表达，有质感的材料往往能传递出最真实的力量。

空间动线

虽然是很小的空间，也可以通过墙体的对比，形成空间的开合关系，行走其中会自然跟随转折，过渡后开启另一个空间。站在 A 空间，可以透过体块的穿插和连接透视到 B 空间。每一个晒房都是一个独立的空间，你的内部空间，是另外一个的外部空间，内外的关系、虚实的关系取决于如何定义主体和客体。

你在塑形身体表象的同时其实也在修炼自己的内心，与自我的对话和探索，希望以此能够打破这种内外关系。每个房间的墙都开了一个洞，整体看是错落的，离散分布的洞，有点像勒·柯布西耶的朗香教堂一样开出的一些小的空洞，也打开了内外之间的关系。你身居其中看到外墙的光透进来，形成了一个光柱，也许有人能够体会那一刻，那无需语言就能感悟良多的时刻。

也许在那一刻很多词会涌现在你的脑海中。

照灯房立面

原始 （自然的，人性）

克制 （人文的，科学的，道德，秩序）

平衡 （结合项目场景的，人性和道德秩序的结合）

这些词，可以是随机的无序地呈现，

也可以是以一种三角形的稳定性态呈现，你可以

美术来表达，也可以空间来表达。

万物皆可设计，只要做到逻辑自洽即可，设计师

的逻辑自洽就是要找到的唯一解，

也是空间最好的选择。

Zeron 的创新

每个项目我都希望有一点进步，哪怕是一个小小的进步，也是小欢喜。胡适说进一寸有一寸的欢喜，作为设计师也要去努力一下，不同的项目虽然设计的内容可能完全不同，但总有一些经验与教训会继续。有些要延续，有些则要创新。上文说到的美术在空间设计中的应用，还可以如何进一步升级呢？带着这样的思考开始，尝试如何建构接下来的空间。

有些项目在看过现场之后，可能当时就会有一个模糊的意向，而有些项目则是很多天也没有很好的灵感，有些灵感纯属偶然。想象力是可以培养的，所以做不做设计，空闲的时候都可以经常去逛逛艺术展，多看一些不相关的事物，如此会在思想中不断积累出特别的意向，等到某个时刻也许就会显现出来。

这个项目的特殊之处在于有一个与周围环境极不协调的大门框，这个大门框的造型就是那个偶然的"火花"（Spark）。我之前看过一个展览，受到很大的启发，那是一个电子展览，要拿着手柄操作。屏幕上的画面是一片茫茫大海，一个大门框竖立在海面上，海水在框里框外摇摇晃晃，影像呈现出那种会被晃晕的真实。记得这个展品的名字是《海水流过两个世界》，那一刻我突然省悟了什么是边界。这个世界本没有边界，所有的边界都是自己定义的。

所以那个传说中的大门框结合了你脑海中的一个美术意向，就是设计的起点。这大门框又有点像日本的鸟居，形态上的特立独行，精神上的"结界"。那个凭空站立在大地上，矗立在蓝天下，透视延伸到远方的地平线，就是一种最简单直接的声明。

"结界"是指一种区域的划分，跨过"结界"就是神的境界了。在"结界"面前，人类可能会反思自己，也可能会采取行动，或许可能会选择不同的未来。在同样的视角中，也许每一个空间都会有"结界"，都有内与外的分别，开放与私密的差异。不过换一个视角，或者转换一个方向，原本在小空间里的"结界"在更大的视角里，也许就不再是"结界"了。有时候你只需要简单地转换下视角，就能带来不一样的方案。

基于空间的特殊性，层高 5.2 米又有一个转折的楼梯，可以做出更有趣的设计，我们使用创新重构的设计想法，让原本平面化的大开间办公室实现了从平面到立体的转换。如同智能卡车对传统卡车的颠覆一样，有新能源的创新和智能系统的创新，应用到办公室设计中就是空间的重构和新材料的使用。

对于空间的重构，我们在前台空间置入一个立体盒子，从视线上把立体盒子拆成三个，一个作为前台，一个作为艺术展示区，一个作为头脑风暴区。前台代表正在进行的工作；艺术展示区代表过去的时代，计划用废墟美学的艺术手法，打造虚拟考古的场景；头脑风暴区代表共同努力的未来。

沿着踏步的不同高度，在立面上开了一些大小不同的洞口作处理，一方面增加趣味性，形成视线的透视；另一方面也想帮助经过的观者打开视角，用艺术的启发性，带来更多的创新与思考。

在材料的使用上，我们创新使用了碳纤维复合材料，结合 3D 打印的方式，参数化设计、模块化组合。最好这种材料能够和公司的产品有一定相关性，这样的设计会更有专属性。专属性的设计还可以应用在一些小的产品上，比如，茶几是卡车轮胎的轮毂，艺术装置是废弃卡车的零部件，被激光雷达取代的卡车后视镜，演绎为 logo 的设计。

同样采用内建筑的设计方式，垂直盒子引导视线的纵向延伸，旁边咖啡厅的会议空间则做了平面方向上的延伸。从会议室的视角，第一步是咖啡店的雨棚延伸；第二步则是雨棚之外的街区的延伸，那里有街区的休闲条凳；第三步可以算是向室外的延伸，近在咫尺的是室外景观园林。

在这样一个开放的没有"结界"的地方，不管是内部员工，还是外部来访者，都可以休息、聊天、交流，或等待。考虑到功能，这里加入了一个360度的曲面屏，可以播放产品的测试视频，还可以与不同区域的真实测试同步实时联动，大家可以一起观看、一起讨论。当然，年轻的团队也可以利用这个屏幕联机打游戏。

高低错落、虚实相间的空间盒子，形成了院落式布局，空间的对景自然而然。后面的墙体像更大空间的背景。简单的背景就像舞台，艺术装置点亮了整个空间。走道两侧是能量站，不光是物质的，还有精神的。除了茶水之外，还可以展示活动的照片，参观来访者的照片，真实的场景让每个人都有参与其中的趣兴。

这样的设计就不只是停留在单向平视的天地墙，而是引向了更大的空间。

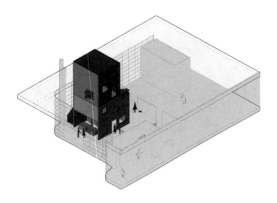

空间模型

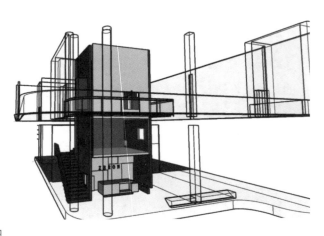

透视图

所以，设计师在做设计的时候，设计的起点不仅是一个美术的意向，当跨越了单纯的美术意向后，你会做更深远的艺术思考，这样就不断地引导你走向下一个环节。结合场地的现状，寻找布局的唯一解，把功能呈现得有趣，创造出空间的灵魂。有能量的空间能够呈现一种无一物而又气象万千的感觉。

一切确定之后，还需要做进一步细节的推导。尺寸比例的选择至关重要，如何选择合适的数字把元素模数化，从视觉上形成序列和秩序。在确定一个空间之后再进一步进行模数化复制到其他空间，比如是否可以同比例缩放到前台，是否能够缩放到前台的侧面和正面，这样就在空间中不同角度形成了三维空间的延伸，将真实空间抽象化，那么简单的形态甚至可以创造出未来感。

在项目中，设计师都会自觉或不自觉地加入一些小惊喜，这些小惊喜有时只有设计师知道，需要在特定的位置才能体会到。比如很小的空间，也希望找机会做个院落，有的空间做些穿插，有些墙面开了洞口，形成偷窥的乐趣。

当然这一切也都要结合功能性的需求，满足层次渗透和空间游历，寻找对景关系，还要结合场地偏转，让这一切看似自然形成的一个广场，来回穿行。

由心咖啡

好玩的空间很多，看过之后就会在心中留下一个意向，让人想要再次去的冲动。这是我很喜欢的一家店，再次去的时候，已经拆掉了，所以我想要记下来让更多人一起想象。

Touching moment 由心咖啡的无限极店是那种空间，你不需要集中注意力将视网膜与大脑皮层进行完美的合作，空间意象就自然地流进了心中。

新天地里无限极大厦一楼大堂的咖啡厅，其设计是 murmurlab 做的，在大堂的开放空间，独立构建了一个空间。立面通过下垂冲孔铝板修剪出一个曲线边缘，构建出眼睛的立面；座位区通过卡座座椅构造出起伏的地形，一直曲折蜿蜒到边缘的玻璃幕墙处，仿佛地面掀起一个角。核心区域结合结构的柱子，周围环绕着镂空的铝板，一个竖立的话筒矗立其中，音乐永远是最能打动人的，这也是整个构建的点睛之笔，也就是瞳，由心咖啡，由心出发，touching moment，结合了视觉、听觉、嗅觉，归于味觉。

平面的网格化，立面的图案感，这种有趣味的地景化的下部处理，能看出地貌学、地形学对其的影响，尺度转换构成了对比的乐趣，自然形成的地景花园，在品尝咖啡的同时还可以玩耍与社交。

造型的多元性，需要用克制的材料和颜色来统一空间。作为一间咖啡店，需要满足不同的功能，可能会需要不同的材料来支撑。比如外表皮要用白色的铝板，地板是白色的木地板，家具的木饰面的白色，还有操作台面大理石的白色，都会呈现出不同的色阶和质感。如果想要只呈现出白色和木色的视觉效果，材质要精挑细选，才能保证达到视觉上的统一性，这过程中还要经过很多次的尝试和打样板。

咖啡厅立面

结构上要做得纯粹也是一个大的挑战,要呈现出轻盈、飘浮、悬空的感觉,就要确保站在外面看不到内部支撑的柱子,那么需要怎样的结构支撑才能做到,上面的垂幕般的立面如何站立?作为一个自独立结构,需要仔细的受力分析、结构规划和隐形结构等。

除了外部还有内部,坐在里面,抬头看不到复杂的管道和迷人的几何造型,管线和灯都能够各得其所,怡然自得。

用立面结合空间构成的方式应用,最终呈现出起伏的立面,上下呼应变换,自动形成中间的视觉穿透的切面空间,整体上虚实结合的气韵流动。美术中的比例、留白、气韵,都在这个空间设计中得到运用。

这个咖啡厅,用空间构成的方式,把二维的美术升级为三维的空间建构,把项目本身当成一个整体来作为更大空间里的艺术品,人行走其中,有一种特别的四维体验。

这些看似艺术品一般的建构,离不开内在隐藏其中的基础框架,你直观所看到的这些材料,由于不同的组合而形成的节奏和序列,一方面体会了空间的转换和连接,另一方面情绪和思考也会随着过渡而变化。

因为建构的天赋远远高于批判性的天赋，所以才能找到建构的乐趣，才能体会做设计的快乐，设计师偶尔也会有身心合一、游刃有余的驾驭感，有心到手到眼到的玩乐，能够开心地去玩积木、玩空间、玩建构。

建构之外，可以玩材料、玩表皮、玩色彩和玩装饰面。玩得不亦乐乎，才会享受这样的过程，从而形成自己精神的建构。

设计师的建构能力来自解构的基础，从思维起点就开始了。你看到的是一个整体，设计师可能会看到拆解的一个个几何体，拆解了色彩的变化，可能又拆解了材料和拼接方式。在面对一个项目的时候，设计师也会思考项目的目标是什么，要解决的问题是什么，识别项目的限制因素是什么，我们能够给出什么样的回应方式。设计师寻找同类型问题的解决方法，如何处理项目的空间关系、材料关系，如何作出选择等。

通过整个过程中呈现出的行为和选择，觉察自己、认识自己，识别自己热爱什么，又能专注做什么。明确自己的观点，下次遇到同类项目，技巧和方法也许不同，但空间和目标的取舍一定有共性。

和专业融为一体，游刃有余地驾驭空间构造和材料。真正能够有所收获，还需要在勤于思考的同时更勤于练习，因为所有的技能都需要习得。不断练习，才能获得。

在这些元素像脉冲一样不断涌现又不断消逝的过程中，人们似乎越来越能找到自己。设计也开始抛开表面现象，有了更本质的思考。从表面的、感性的装饰，以及这些装饰背后带来的人文趣味，再进一步到理性与空间逻辑的思考，通过不同的空间尺度带来的，以及视线与光的不同转换，于满足功能的同时，带来了更直接的身体本能的生理体验。空间提供的体验是主观的感受，但这些主观感受是来自设计师纯理性的设计推导。

做设计，如果可以把深奥的哲学、直观的物理学和数学的技艺统一在一起，那将是一件多么有趣的事啊！

COORDINATOR'S STRATEGY

4

统筹者的策略

设计师现在接触最多的就是办公室设计，在丰富多彩的项目经历中，笔者沟通过各式各样的团队，也见过风格迥异的高层，经常会发现一个有趣的现象，很多老板的观点是不被团队或员工认可的。他们当面不说，但是经常会私下吐槽，有时还会当成笑话讲着玩，大多数情况下陈述某场景下某件事的笑点，或者也会善意地戏谑。有时类似场景再发生，如老板又重复了那句话，与会人员就会心照不宣地会心一笑。这也算是职场趣事之一。

办公室设计很重要的一点就是要能够了解从高层到员工的诉求，有些诉求确实是不一致的，需要统一，有些则各自满足。作为设计师获得的信息，很多来自项目的执行者，职位决定了他对项目的理解。高层可能会从企业文化出发，结合企业发展的不同阶段，给出本次项目的目标。有些执行者可能会从领导的喜好出发，再加上自己理解的文化来进行表达。使用者的诉求有时候甚至都没能得到传递，最后在做项目满意度调查的时候，往往就会差之毫厘，谬以千里。

这种情况下，如果设计师再从建构或者审美的角度去纠结于好设计，那可能就是无限的努力与无限的修改。在不同语境下的好设计，可能完全不在同一个频道上。

作为对办公室的空间感受是一个综合的结果，不仅仅是由空间设计这唯一因素所决定的体验。职场中每一个人的体验，都和以下几个方面甚至更多方面相关，企业文化和工作模式，办公空间环境，以及相应的技术和提供的服务，这些因素共同营造着办公空间体验。

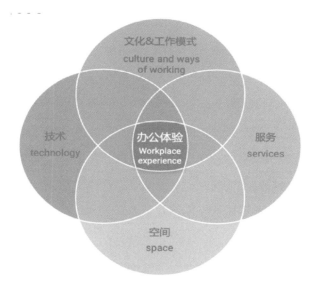

办公空间体验

　　从管理学的角度来看，企业最关注的是效率，体现在办公空间设计中就会是空间的使用效率，人的工作效率，和资金的使用效率。但是，现代企业已经发展到一定的成熟阶段，任何一个行业都不是依据单一线性因素来进行决策的，办公室的设计也受到多种因素的影响。

就像经历过这次新冠肺炎疫情之后，很多公司调整办公策略，以往以办公室以办公为主，现在可能会执行居家办公为主的策略，也有一些公司实行混合办公的工作模式。针对采用不同工作制度的公司，办公室设计的策略也会不同。

在以居家办公为主的公司中，那些长期在家办公的人会变得越来越自由分散，长此以往缺少对公司的归属感，也可能慢慢缺失团队向心力。那么在这种情况下，办公室设计的策略就要以能吸引团队来到办公室的议题为主进行设计和布局。

对以混合办公为主的办公室策略，人数与座椅的比例可设为 8:5，布局也会以协作为主。以办公室为主的办公模式人位比可能在 6:5，这样的办公室设计更关注独立办公区，办公区也应该避免噪声等的干扰，因有些工作需要有一个可进入深入思考模式的办公环境。如研发实验室的办公室布局，几乎都是封闭式办公环境。除了做大部分实验的时间，还要专心写研究报告的时间，互动交流就放在了茶水区。

企业办公室的设计目标都希望能够传递组织文化和团队精神，从而吸引优秀人才的加入。随着从业人员的日趋年轻化，也需要展现对年轻人有吸引力的职场氛围。

很多大众对设计师会有一定程度的误解，以为设计师只是停留在感性审美表层，事实上，单一空间设计语境是做不好设计的，还要结合商业语境和管理语境来理性思考。面对真实的项目，即使是单纯设计语言，每一个动线的设定，每一种材料的选择，都需要设计师的理性与逻辑思考，结合自己掌握的知识与技能，最终呈现到项目中。

即便如此，这些思考并不是建筑和设计的全部，一个完整的项目，除了考虑使用者的需求、创作者的技能，更需要服务于统筹者的策略。即使是同样的企业，也会因为处在不同的业务发展阶段，组织策略会有不同偏重，项目目标亦会有所不同。

还有一个误区，就是高层的认知和员工的认知事实上是有偏差的。很多公司的领导都会说，我们是一家年轻有活力的团队，实行扁平化管理，实际上年轻人在高层面前都噤若寒蝉，不敢高声语，他们感受到的反而是等级森严的管理体系。

另一个尴尬点是，对接设计的中层或者是行政人员，都有自己对企业文化的理解，且同样的企业文化在不同的发展阶段也会有不同的诉求，但这些如果没能很好领会并传递，那么设计出来的效果可能就会与所想表达的内涵大相径庭。如果我们尽可能去做一下空间策略规划，则可以规避掉很多问题，甚至可以帮助企业发现一些未曾发现的问题。

曾经遇到一家公募基金公司，其作为深圳市第一批基金公司之一，网站上写着公司的文化——多元创新。可是单纯从现有的办公室，无法看出创新的感觉，甚至更多传递的是传统气息，因此在这样的氛围里，很难招募到优秀的年轻人加入。为了改变这种状况，基于这样的潜在目的，这个项目的设计定位我们选择了汇聚的主题，一方面代表区域的汇聚，另一方面也代表人才的汇聚，同时也代表财富的汇聚，同样我们也希望能够让大家汇聚思想来产生共鸣。

基于关注员工体验和客户体验，因此在平面布局时考虑光线和景观，开放处给到更多的以人为本的设计主张，前台侧面处理，就采用了这种动线聚合的方式。入口处的开放与聚焦，一方面可以开放给每一个员工，同时也可以开放给每一个来访者。为化解开放区大柱子带来的缺陷，因势做了一个偏心圆的景观台，下部折面展开做了凳式坐面，可以坐下休息交流，也可以在等待时看公司的宣传片，作为参观动线上的一个节点。如果遇到一些活动或者员工生日，还可以在这里举办生日 Party，让空间的使用性更灵活多元。

在材料和颜色的选择上，我们同样也采用了一些创新，比如景观台的处理方式，用了微型地形景观即生态苔藓和植物的方式，一方面可以使后期更方便维护，另一方面也体现了成长共生的理念。

我们将方案作第一次汇报的时候，区域办公室的年轻员工都非常喜欢，但是经过总部领导层的会议讨论之后，最后总部领导的观点取代了员工的需求，平面布局也从开放汇聚的方式，换成了相当传统保守的做法。这种情况时有发生，高层和员工层的信息与需求的不一致性是在每一家公司都会遇到的，这也更加说明空间策略规划的重要性。

办公空间对于一个组织来说，比单纯的物理空间意味着更多。这两年新冠肺炎疫情在全球蔓延，工作场所也发生了很多变化，甚至有些公司也在思考，如果大家都可以居家办公，以后还需要办公室吗？迄今为止很多公司依然采用居家办公模式，或者居家办公与办公室工作组合的模式。但办公空间为组织服务不仅仅停留在提供办公空间这单一需求上，而且越来越多的组织也能够进一步意识到，

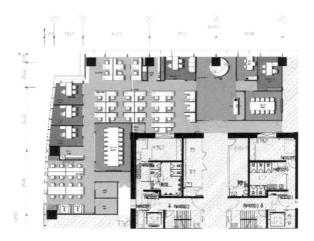

平面对比（1）

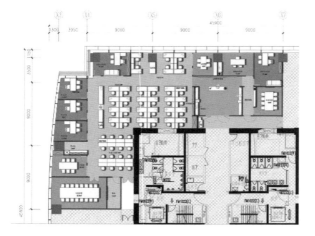

平面对比（2）

空间效果（1）

空间效果（2）

工作场所在吸引和留住人才及提高生产力和推动创新方面的重要性。

有些公司，比如 Gensler 内部设有专门的空间策略规划部门，在设计开始之前会针对性地做空间策略规划。这种基于空间体验出发的设计策略，会在设计之前借助一些系统的分析来解决内部需求不清晰的问题。

第一维度是满足基本使用功能，比如有哪些功能要求，接待、办公、展示、休息、健身、会议等，符合一个公司基本运营所需要的空间，表现为空间的使用效率。

业务、人、空间的效率

第二维度，空间是为其中的人服务的，所以要注重人的体验和感受，通过可见的物理方式，比如协作部门更近，比如缓解解压，比如有利于共创，帮助空间中的人提高效率。结合空间的使用效率，再加上人的工作效率，最终达到资金效率。

第三维度，空间的效率和人的高效性，以及资金的效率这些最终都是为了促进组织发展，或者说是为组织的业务服务的，有了高效性，才会有组织的发展。通过延长时间的维度，加上更开阔的视野来思考眼前的这个项目在组织发展中的位置和阶段性目标，及对未来战略的影响和帮助。

办公空间设计，作为为组织服务的空间，服务于组织的目标。为了让设计更有针对性，真正做出适合每个公司具体业务发展阶段的办公空间，所以在办公室的设计工作开始之前，如果可以加入空间策略规划的环节，或者说是设计前期的准备工作，可以协助发现一些默认又未必共识的问题，也是在日常管理中尚未发现的问题。对于一些成长期的公司，或者说初创公司，办公室的空间策略规划，也可以成为公司战略的工具，尤其是在当下全球文化融合、科技的进步，以及其他不确定因素影响下的办公室空间。

不同的项目策略侧重点往往不同，有些项目侧重在企业文化与办公环境的一致性，空间中融入了企业文化和品牌文化的相关符号和内容；有些项目注重环境健康，关注可持续发展；有些项目更注重业务需求，关注参观体验；还有些项目综合以上所有挑战。结合企业战略所处的不同阶段和不同的业务目标，通过空间策略规划的科学方法，就可以打造出独一无二的项目，真正为组织目标助力。

为了把空间策略规划做得更好，结合设计中常用的田野调查的思路，策略规划专家一般会按照以下工作流程实施：

• 员工调查问卷，这也是各类工作开展的第一步，通过问卷调查了解关键痛点和员工心声。

• 通过跟关键人物访谈，与关键使用人和负责人面对面沟通，进一步明确项目愿景和项目方向。

• 通过有针对性的问题以工作坊讨论的形式，可以联合相关人员以愿景研讨会的形式来制订项目方向。

• 借助科技传感器进行数据收集，并分析空间在不同时段的使用状况。

通过对空间的设计，环境的规划，

结合团队的管理，采取同步于企业战略的方法，

创建可以支持组织业务目标的空间，

设计改善员工体验的工作场所。

- 结合空间预算，进行垂直与平面布局，形成动线规划。

- 以品牌体验为基础的环境设计。

- 引导办公空间的创新与变革管理。

这个框架式的列表，还需要真正的从业人员根据相关经验进一步细化具体的工作。比如调研工作未开始之前，需要提前准备相关的问题清单。大家都有过或者共识过这样一个说法：提问是一项重要的技能，提问方式不同，你得到的答案可能会大相径庭。因此问卷问题需要仔细地设计，因为很多人是说不清楚自己的需求的，所以在分解问题清单时，要充分考虑如何能够挖掘出真需求。同时还要能阅读出语言没能表达出来的潜在需求，所以好的设计背后需要更深层次的洞察力。

这些听起来好像有点抽象，不过值得期待的是，抽象的方法论应用到不同的组织，就会产生不同的具象表达，最终每个项目都会呈现出定制化的空间策略规划。因为每个项目的侧重点不同，大部分办公室都需要与品牌文化高度一致的办公场所，结合公司文化特性，同时把品牌策略共同融入空间设计中来。

考虑到更多的业务需求，设计师会在整个空间形成独有的品牌环境，如融入品牌文化符号等，同时进行访客旅程的规划，如何设置触点展示，形成交互环境，产生更好的访客体验。

在科技日新月异的今天，也要借助智能化来办公，如形成物联网智慧管理，搭建数据化信息平台等。有调查显示，具备智能设备公司的工作效率会比没有此类设备的公司提升40%。因此可以考虑创造多元化的办公环境，为工作场景赋能。更重要的是在这样的环境中，员工对于新事物的接受度会更高。

参与更加具体工作，我们通常会发现现实中很常见的例子，即客户说不清楚自己的需求，外加设计师又弄不清楚需求，在不知道客户需要什么的情况下，做了一堆方案来给客户选择，就会经常出现各种效率低下的反复，最后客户在弄不清楚自己要什么的情况下盲目决策。这中间需求和供给的落差导致双方都很痛苦，越发需要系统的空间策略规划这一科学的调研方法，得出合理的结论来反哺设计，提高双方的效率，抚慰彼此伤痕累累的心。明白了这些浮云般又千丝万缕的关系，让我们进入真实的场景。

泰盛总部

泰盛是国内用竹浆造纸的最大企业，全国有27个工厂，为了能够确保原材料货源供应，他们在多个地区拥有自己的竹山，一方面解决工厂的原材料供给的问题，另一方面也能改善周围山民的生活。以竹代木，还可以节省更多的资源。竹子的成长周期短，也不会因生虫而需要药物治理。国内从南到北很多适宜竹子生长的环境，在地资源丰富。无论从环保还是资源丰富度来看，该项目对于当下的低碳生态建设均具有促进作用。

有了对产业的了解，结合项目所在的区域青浦新泾，周围是社区和学校，作为唯一的办公园区，该项目对于社区营造可以发挥更大的帮助作用。目前国际上推行20分钟小城市策略，上海也在倡导15分钟生活圈，所以泰盛的这个办公园区能够完善社区配套服务，同时也能为社区提供更好的景观和商业服务。可以考虑尝试将整个园区做成开放式办公园区（Office park），面向大众开放，一方面给周围社区提供更好的环境，另一方面也能够为裙楼的商家引流客源，这是一个双赢的策略。

园区内部目前规划了三栋办公楼，在展示企业文化和企业产品的基础上，可以根据未来使用人群的不同需求各自有所偏重。

1号楼作为总部办公，主要为自用办公和供与产业链相关的单位使用，因考虑未来有接待参观的功能，所以要设计展示功能，如在介绍产业资源和企业文化、强调科技化和植入科学技术等方面，不但做到视觉展示的增强、场景化体验，同时在机电方面引入智能数字系统，对温度、湿度、新风舒适度进行调控，以及在环保节能方面考虑布置量化控制系统。

2号楼作为最小的一栋楼，可以体现一些个性化的内容，如采用突出体现生态化，尽可能保留建筑的原始和质朴，加入绿植和园林生态的做法，在传递环保文化的同时，营造一个极具个性的空间。考虑运营之后，未来如果整栋出租，再改造也很方便。材料沿用建筑的混凝土和局部金属装饰，加入软装的家具和相应的绿植景观。

在这个项目中，商业的思考通常有两个维度，一个是关于园区的运营层面，另一个是办公室空间的规划层面。而针对办公室的使用，空间策略规划能够起到非常针对性解决问题的作用。

有时候想要主动了解全局的人，往往是从上到下的视角，看不到从下到上的景象，这种情况不只出现在设计场景中，日常管理场景也一样。处理问题的方法论甚至都是相似的，平移到设计工作中，即通过对设计工作的梳理，达到帮助团队更好地达成共识，这既是方法，也是结果。

越成熟的管理团队越易产生一种情况，即因为有太多的经验，反而更容易被经验蒙蔽了双眼，而没有进一步看见身边的年轻人真正想要的办公环境是怎样的。或许是之前的那些成功，让他们有一种惯性的错觉。殊不知，现在Z世代的现代年轻人因成长环境的不同，很多诉求已经与前大不相同。公司很多人加班状况很严重，所以办公室空间要求具有舒适性。也有很多不是本地的孩子在这里上班，有时下班会继续留在公司一起玩，所以办公室还要有趣味、好玩。考虑到都是开放空间，如何做到专注时能工作，放松时可社交，偶尔还要有深度独立思考的空间。

另外，现在的年轻人不会像上一代职场人多少会被传统的等级制度所束缚，他们没有生存压力，在选择上更自由，也更知道自己喜欢什么，想要什么样工作和生活。如果与公司的群体价值观不匹配，他们可能就不会选择来这里上班。某种程度上，虽然他们很年轻，但在思想上却更成熟、更通透，更关注自己的个人成长，也会思考更深远的问题，比如工作的意义，以及为什么要来这里上班。所以，公司的办公空间一定要融入企业文化符号，通过可视化的形象，打造出舒适的场景，创造出极致的体验感，也能激发更高的创造力和更高的效率，只有这样才能创造更多的价值。

有了定位和目标，设计就是具体的执行方法，方法和目标的相关性就是效率，空间的使用效率、人的工作效率、资金的效率。达到这个目标的方式是多元的，比如注重的是企业文化和品牌价值观的结合，关注人行动线及区域布局，关注环境健康，等等。

管理层关注的是工作效率的提高，如果灵活办公能够改善员工的情绪从而提高团队工作效率，他们也会欣然接受。在创新方面，每个人内心都不会排斥。为了能够更好地激发自驱力，可以考虑引入一些原来从没想过的空间，比如冥想室、电话亭、思考仓及图书馆等。这些让人放松或者情绪释放的空间，可以协助解决办公室内的压力释放问题，从而保证员工的身心健康。

电话亭，也是一个应用很广泛的独立空间，在这样公共的开场空间里，很多人觉得自己是职场小透明。在公共场合打电话还可能会影响到身边的同事，降低工作效率。而且不同场景的切换也可以让空间更有趣味性，在这种多元化的空间，每个人都可选择自己的方式，去释放、去阅读、去思考。

结合以上了解及访谈内容，包括企业文化、项目目标、设计关注和设计原则，我们最终形成了泰盛员工画像、项目愿景，通过对现有办公室使用情况的观察了解，以及对优缺点的分析，形成新办公室的空间策略规划：

设计的整体概念从一棵竹子的成长到竹浆的形成，再到生成一张纸的全过程，展现竹浆纸的形成过程也是赋能给全产业链的相关方，这也是未来产业互联网时代的升级之路。通过这种方式展示出的社会价值能够影响更多的人。

具体的实施方式我们回到设计的基本逻辑，从场地分析、功能布局、动线分析，到线面体的空间构成，再到材料的选择、工艺的细节、接口的方式，都是设计原则的具体表现，前面都已经讲过，不再赘述。

套用托尔斯泰的一句话，完美的项目都是相同的，都是与企业文化完美结合的独特产物。在开始之前就有明确清晰的项目定位，用科学方法采集数据来支持组织作决策，这样创造的空间，带给了团队真实的体验，这就是设计的价值呈现，也同样能为空间中的人赋能，也会在团队效率上有所表现。

泰盛九江

在设计完成上海的总部办公楼后，我们下一个项目就是在九江的工厂办公楼。

公司的大老板大多数情况下对设计和装修类的具体工作不会深度参与，有些项目甚至是完全不参与。等到真正呈现的时候，才会发现理想和现实的巨大差距，万分不解，甚至会有些无力，最后只会说：为什么这些项目做出来没有特色。研究了过去的几个工厂项目，确实如看到的一样很普通，识别度不高。像大部分工厂一样，该工厂主要精力可能都在思考生产产品的质量与成本，务实拼搏，每年稳健于 30% 的增长，甚至工厂负责人一直以来都不想被关注太多，而是默默努力。因此在过往的每一次项目设计过程中，踏实的精神会让大家在选择上偏好以功能至上，这是一种压倒一切的存在。不管是功能的布局，还是材料的使用，或建构与造型上，在面对方案的决策优先权重时，大家都会毫不犹豫地选择功能。过去的那些年，工厂也是以更满足功能为主。以产品为第一的工厂希望能够传递给大众的形象是朴实又真挚的，没有热衷于外在展示，而是更多地关注产品本身。所以在空间呈现上选择去标签化。

但是现在的环境发生了巨大的变化，工厂也面临着更多的挑战，如何招募更优秀的员工，如何对外展示品牌形象，因此对于空间的诉求也发生了巨大的变化，从原来的唯成本论，发展到现在成为业内的知名企业，工厂更需要关注品牌形象和社会影响力，空间设计的策略就发生了变化。现在需要考虑如何创造有企业文化独特属性的空间，更重要的是让人进来面试的第一眼，就觉得这个空间很有吸引力，想加入这个公司，以帮助企业招募到更优秀的人才，并让这些人才喜欢这里的工作环境，愿意留下来。为了达到这个目的，企业专属的文化特色就要用空间设计的语言呈现出来。这就是结合企业的商业愿景和阶段性的挑战与期望，分析当下的竞争与趋势，从而确定项目的定位和目的。

有时不是所有人对这一点都有共识，想要说服工厂负责的高层接受空间策略规划，还需要进一步地沟通，因为大部分高层觉得用这些形式化的做法，怎么可能比他们公司的人更了解他们公司呢？方法论虽然也是理论与实践的智慧结晶，但是未必在一开始就能够被理解。无论如何通过对谈，我们还是从网站和相关的资料上找到了一些信息，拼合了我们对于公司的集体画像。

内圈的核心，代表我们是谁（是一家研发创造驱动的生产型企业）。

中圈代表的组织形态，什么严格的团队，什么样的管理形式，什么样的精神状态。

作为工厂的办公空间，毫无疑问会具有独属于这个组织的文化属性。有的公司关注环保，有的公司关注合作，有的公司注重科技，有的公司偏好在地文化，表现方式都会有很大的不同。

根据综合思考，公司希望传递的还是稳健成长的形象，理性的构建逻辑，让空间中充满理性的秩序与工程之美，这是大的构建逻辑。于是我们思考可以从科学的起点出发，从思维的起点出发，从几何原本出发。我们选择基础的几何形态进行变化演绎，再组合、构成、塑形。

最终我们用规则的正三角形构成了一个稳定的半球形，这些规则的几何图形则形成了表面的肌理，形成变化的节奏。这些节奏就是由一定的规律构成的排列而成，这些时刻你就能看出，直观的物理的变化背后是数学的技艺性的排列，如果再深入一下，似乎还能领悟出哲学的深奥。假如能够接收到这样的趣味，那种快乐真是让人回味无穷。

作为入口的大空间，为了不让空间太过于空旷，可以加入一个楼梯，这样可以形成垂直动线，上下班和接待都更加方便。如果有活动时，这个错落的空间关系还可以让大家在这里合影留念，作为公司的主形象在对外的宣传上也能起到很好的效果。

这个楼梯的建构也同样符合几何建构的逻辑，不过用了另外一种更有趣的方式，可以改善过于严谨空间的秩序性，数学的美妙之处就在于同样是用理性的构建，还可以创造出这样灵动的、活跃的趣味性。用工程学的方式去建构的造型，就像是理科生的浪漫，用方程式写出一颗爱心的小心思，这种经过思考的有趣也会让这有趣呈几何级增大。将这种艺术方式植入空间中，像是外星来客冷眼旁观着周围，就像另外一种存在，时刻在告诉人们去思考，如果变得更好。

关于动线

作为生产型企业，工厂除了接待面试人员和供应链上的上下游供应商之外，还要接待政府人员和客户，以及行业协会的同行们。针对不同的人员，展示的参观内容也会有层级不同的考量，因此设计的参观动线也会有所不同。对每个人都可以开放的是企业的文化墙，这部分能彰显公司的发展历史和对外形象。

对有些政府人员，在介绍好企业文化以及发展之后，还会带他们参观一下展厅，那里会有一些产品的展示。展示形态也会根据产品的不同而进行设计，整体以体现产品力和企业的研发能力为主。在展厅的设计上就要呼应这些诉求，如何能够体现研发能力，如何能够把产品嵌入进去。如果把产品的生产方式或者设计逻辑应用到展厅的设计中，整个展厅就如同一个产品，那样效果就会更好。参观的过程就是体验产品的过程，每一个触点都和产品有关，和体验有关，这样的惊喜感受和直观感受效果都会更好。

有些客户还会被带着进入工厂参观，从而体现本企业的生产能力和管理能力，这部分内容就要结合工艺流程进行设计。

关于空间的光线，作为新建项目，采光的考虑要非常充分，如果空间太过苍白，没有空间的变化，就很难有好的参观体验。人的参观体验会随着空间的变化而变化，也会随着光线的变化而变化。光和影是结合在一起的，如果能够引入光影的变化，就会带入时间的创作，这样加入的就是自然的创作。

关于小惊喜，我们在展厅中设计了相应的艺术装置，用他们自己的产品来做，既展示了产品的多用途，也更进一步体现了产品独特的性能，这一方面是产品能力的展示，体现生活中的探索；另一方面也是面对环境的态度，让更多的人都关注。

关于材料

有些地方的座位等，可以结合产品用废料来做设计，比如楼梯，又比如展台，这些都可以进行结合性设计，如此项目的独特属性会更强。

微软的实验

微软是一家航母级的公司，产品渗透我们生活的方方面面，几乎所有人的电脑和互联网的启蒙都是从微软开始的。一般的公司对我们的设计要求可能就是高端、大气、上档次，但微软不同。微软是希望能够给这个星球上的每一个组织、每一个人赋能，对于设计的要求不只是艺术，需要我们联合艺术家，对接慈善组织一起真正帮助弱势群体，需要真正参与组织活动，产出艺术作品。除了艺术作品，连活动本身都成为一种行为艺术，被记录、被拍摄、被剪辑并被播放。

微软在行为艺术活动中，采用了不同材料，金属、亚克力、炫彩膜、打印地毯、胶带和联动编程光影，共同创造出石库门的门廊通道，这种很上海的元素，体现了上海的多元与包容。在上海的背景下，来自星星的孩子，他们的生活状态是怎么样的，如何与这些孩子对话。这个共同创作的过程，本身也是一场行为艺术。

有时这些临时性的项目，更能够激发设计师使用平常材料做出先锋的设计。

曾有个项目，其一层房间一直没有租出去，经营者想先把这个空间做简单打造，让朋友的几辆车放到这里来，至少不让这个店空着。

基于这样的诉求，需要用最便宜的材料、最简单的做

与来自星星的孩子共创

法，打造吸引注意力的空间。这是个临时空间，所有的呈现也是临时性的，但也需要确确实实地能够做活动，能够吸引人走进来一起参与空间的共创。每个项目都有独特性，都有需要考虑的相应策略。

临时空间

　　是否能够采用未来必定会用到的材料来临时装饰这个空间呢？是否能够找到平常的材料做出先锋的设计呢？这也许是更多设计师应该考虑的问题。

　　我们身边已经有太多的临时物品，到未来临时的东西应该如何处理，大多数的可能性是会成为垃圾，还会被拉到所谓的远处堆积成废墟。

　　我们今天看到的废墟，也许就是昨天的装饰。这些有时代性和年代感的残败留存物，既然是历史的见证，不如留下来作为记忆中的故事，同时也是时代面对废墟美学的商业性思考。

　　如果能够结合这个特殊的遗留物，用艺术性创造的方式和品牌策略相结合，那会是一种独特的品牌体验。这种体验和我们刚才所说的员工旅程体验都不同，它会让访客体验到独特的记忆，这也是有些公司在办公室或者办公室场所中举行定期艺术策展的原因，甚至可以把体验旅程当成一场活动来策划。这些都是服务于企业文化，从属于品牌策略的。

针对性研究废墟美学，研究废墟美学背后的文明与智慧的联系。废墟可以理解为城市建筑或者文明部落遭到人为毁损或者自然灾害后的废弃之所，形成和消解会经历漫长的时光。废墟慢慢消亡的过程也正是其成长的历程，看似无用而残败的建筑或者空间却有着独特的审美价值与精神力量，看似落寞与消亡又隐隐透露着希望与重生。人们于凝视废墟的瞬间，也连接了对废墟另一端空间的探索，凝视城市废墟可以感受另一个时间与空间的记忆，看似虚幻的空间以时间为轴退转成了真实。

废墟一般分为古代自然荒废的古迹遗址和现代城市化进程中需要迁离的废弃工厂和为了重新进行城市空间建设而拆毁的建筑残骸，当代艺术中的废墟美学创作基本以后者为载体进行。

有人说，

废墟在形与质上都有着令人着迷的气息，

颓败的诗意和荒芜的形式，透着莫名的力量，

内部所蕴含的情感内涵和形式美感交相呼应唤起

人们对空间的感知。

废墟美学的空间应用

卡尔维诺在《看不见的城市》中描述过城市产生垃圾又被垃圾淹没的场景，我们如何对待这些废墟？如果当成垃圾，未来会有更多的垃圾。如果我们当成存在，500 年后，这里的一切都有了不同的意义。

艺术是最好的引发思考的方式，如同马格丽特的那幅画——《这不是一个烟斗》，这个作品很多人都分析过，由此还有很多演绎出的新作品。为什么一张烟斗的图画，配了这不是烟斗的文字，引发着观看者的思考，也许这是一个假的烟斗，也许这是一个烟斗的照片，也许这是基于照片的绘画。美术对设计的影响，一方面是技能技法上的，另一方面也是在思考层面对思想的影响。深受马格丽特作品影响的还有一个类似的展览，由三个部分组成，一把真实的椅子摆在墙边，旁边挂着是这张椅子的照片，紧接着一张白纸，上面是一些文字，内容是关于椅子的定义。这种类似哲学的思考，也在不断地推进着设计的进化。

设计师用一把名为反重力的八脚地的椅子，意在引起人们对日常的反思，习以为常地做下去未必是理所当然的。

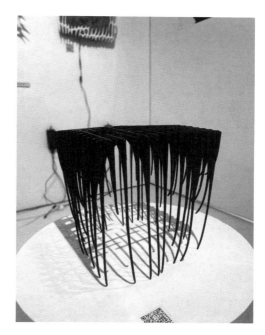

一把椅子的展览

　　这些艺术的启发性必然能够给我们带来更多工作上的创新性思考，而且现代办公室设计已经是多种学科的交叉发展领域，管理学、心理学、材料学等多方面的发展也促进了今天的办公室设计。也有越来越多的公司将办公场所转化为多元展示空间，数字化艺术与品牌文化的结合也催生出很多新兴的展陈方式。

TRADEOFFS
FOR
OPERATOR
运营者的权衡

这是最好的时代，对的，没有下半句。

伴随着拔地而起的高楼，很多设计师都以一日千里的速度在赶项目，还有些人是"日日千里"。设计创造商业空间也创造商业价值，在那些商业目的明确的项目中，设计作为商业服务的工具，有时升级为资本的舞者，舞动的肢体搅动着空气形成了风，一时间居然飘了起来，裹挟在风口之中，忐忑又躁动。偶尔的清醒也许就在那一瞬间，身体在坠落，精神在上升。

大众对于商业价值最简单的认知就是传播度，这也成了对很多商业项目进行评判的标准。对传播的衡量是一个必要但不充分的条件，有的项目传播热度很高，却未必能带来很高的商业价值。这就如同做设计有一个好的概念，但是细节不够，依然不能成为一个好项目一样。

设计创造的是空间，通过建构的呈现，作为一种时间和空间上的存在，天生就具有强大的影响力。建筑学作为一门古老又生机勃勃的学科，要想获得更好的发展，最简单的方式就是向相近学科学习，让不同领域的知识平移到另一个全新的领域，也就是通常所说的创新。比如建筑学加上文学就有了叙事建筑学，在实际应用中，还经常会被用到投标时的设计概念，如何讲好一个故事，听起来像建筑借文学之力的创新发展。

当项目的主题故事编得多了，就会像其他编故事的人一样想：是人类驯服了小麦还是小麦驯服了人类，是小王子驯养了玫瑰花还是玫瑰花驯养了小王子，是故事驯养了空间还是空间驯养了故事，编过了那么多故事的人会不会也被故事驯养。未来有一天，如果把这些空间的故事通过某种逻辑串起来，然后再从文学的角度去解读出另外一个版本，一定很好玩。

设计的叙事性，是通过设计的语言创造空间场景，伴随行走其中的体验，如同故事的发生发展，个人情感和社会文化性得以再次重构，故事在空间中再次被书写。像某个历史学家说的一样，人类之所以能够战胜其他族类，主要原因就是会讲故事。故事让人们通过情感共鸣，从而达成共识，进而形成共同的信仰，产生更大的联盟。空间也一样，目的是通过设计语言传递空间叙事引发情绪共鸣，增强空间的体验感，调动能量，创造更大范围的可传播性。

历史上和建筑有关的故事很多，有些只是作为时间地点成为故事背景的一部分，和建筑空间或者结构本身并没有关系。曹操建了个铜雀台，让曹丕和曹植各自写一篇文章，兴致昂扬的曹操总是止不住地表扬才高八斗的曹植，以至于后世无数人至今还在求曹丕的心理阴影面积。古早的那个铜雀台至今已经无迹可寻，这个故事却还在流传。

历史上很多建筑和名人都联系在一起，不知道是因为建筑让人出了名，还是因为人让建筑出了名，又或许是建筑与人互相成就的结果。总之，故事对于物理空间的传播跨越了时间。

人类身居空间中，对身边的事物也不知如何关注，甚至会无感于眼前的人、事物和空间，就像鱼在水中也感受不到那是大海一样。只有在被传播，当成故事再来听的时候，转换了视角再次审视的时候，才会思考原来自己就是创造故事的人，也是故事的一部分。似乎，空间也需要故事，一边解说一边唤醒。或者什么都不需要，只是单纯创造美好的空间，让行走其中的人感受、体验这种美好而已。

　　空间中的叙事性，似乎与二维的文字和电影故事不同。通过设计语言引向不同的空间表达，完成整体的叙事性，听起来也像是通过小说与电影的情节推动故事发展一样，似乎没有什么不同。设计师讲故事的语言，就是用点线面体组成的形态，用材料构建出空间关系。文学讲故事用文字，电影的语言虽然更丰富，但最终都能形成自身的故事推进与传达。由此可见，不管是哪种形式，好像都是通过建构、材料来表达并传递出对世界的认识。小说与电影中的故事，讲述顺序有正叙、倒叙与插叙等，表现在空间设计中就是再现、重构和介入。

　　叙事性的建筑有很多，不管是不是和商业价值有关，建筑师都像是具有俯视视角的导演，引导人们去不同的空间，体验不同的故事。比如柏林犹太人纪念馆，通过一个入口、三条通道隐喻屠杀之轴、流放之轴与延续之轴，用空间来讲述故事，不同的空间分别宣泄不同的情感，环境又将这种情感进一步升华。参观者在高墙顶部微光的压迫空间中行走，脚踏在一万张恐惧的人脸型的铁板雕塑上，脚下发出金属碰撞的沉重的呐喊与震动，将记忆故事中的痛苦体验进一步放大。

文学与电影的故事作为一种艺术形式，经常以一种演绎转换的形式再现，故事往往传递着一定的启发性。空间的叙事性则在思考的原点就要和项目目标、商业价值的设定相关，除了存在性的限定之外，还有很多其他的干扰因素。

现在除了一些公共建筑或者文化类建筑之外，现实中的大部分项目是由开发商来主导，作为商业组织内部的运营机制基本都是项目制，项目成功与否的终极评价目标就是创造的商业价值，创造了多少数量的经济价值，比如销售之后回笼资金的再周转。

设计师在这个环节之中的行为最终转化为销售的道具，为营销赋能。在汹涌澎湃的市场中，从业人员不抽离也只能从属于系统，如同卓别林电影中的场景，每个人都只是一颗螺丝钉，有着鲜明的时代性。设计师是幸运的又是不幸的，幸运之处在于可以有更多的实践机会；不幸的是在遵循这套运作机制时的春风得意，会使人忘记了去进一步思考。对于企业也一样，不管是开发商还是服务商，抑或是生态链上的任何一家企业，都成为时代背景下产生的命运共同体。市场处于高速发展期，企业要长大，就要高周转，这样才会聚集更多、更好的资源，促进下一步发展，反之则会被淘汰。系统之下无可避免地遵循生存的丛林法则，项目工作的目标就是高速运转，一个项目结束，一个新的项目开始，雪球也就在这不断的滚动中越来越大。

在这种快速创造、复制与复盘中，设计也形成了相应的方法论，项目投标中穿插着各种各样的故事，为了把故事讲好，文学、心理学、历史学，一时间鱼龙混杂。如果明确项目目标，相应的故事可以引导更好的空间设定，由此而产生更多的可能性。只是锦上添花的装饰无论如何都不能够代替空间设计本身，好的空间才是最重要的根本，毕竟皮之不存毛将焉附。这些都是对于运营者的挑战，如何把有限的资金用在最合适的地方，如何能够在杂草丛生的地方识别出哪一株是未来能长成参天的大树，能引凤朝歌的小树苗。

成功的项目影响因素很多，可能是平衡资金与空间的关系，空间与商业之间的关系，最终如何应用设计的语言讲述有趣的空间故事。设计的语言亦有无数种，每一种都可以开出美丽的花朵，由此吸引更多的人进来，产生更多设计意料之外的行为和故事。

社区与连接

现实中的例子很多，一个商业项目最终运营得好不好，是与诸多因素相关的，哪怕单纯的项目案名。曾经有一个项目案名：201link。从项目的取名，简单来说可以读出两个关键信息：一是用户思维，二是商场的本质。201取自当地路牌号码201号，方便用户记忆，在后期运营的时候，顾客也会自然而然把项目名称和路标合二为一，这对商业项目是非常必要的，有利于项目的传播、定位、寻找。Link，连接，商业的本质是交易，那么商场的本质就是线下运营交易的物理空间，核心就是人、货场的链接。如果把Link放到设计的语境中，可以进行三个维度的延伸。

• 在时间维度，设计升级性的历史街区，要考虑现代城市与历史文化之间的连接，现代建筑、材料、构造和历史遗留的关系，同时也要考虑是现代商业与未来街区空间生活之间的连接。

• 在空间维度，针对主城区与新城区之间的连接，也是未来新城 CBD 与周围老旧社区的连接，CBD 的工作场景与社区的生活场景之间的连接，工作群体与生活群体之间的连接，如何能够各种安好，怡然自得。

• 另一个维度就是人的连接。商业最终要实现的是人的连接，即经营者与租户、租户与租户、租户与消费者及消费者与消费者之间的连接。在这个物理场景中，创建集零售与美食一体化的社交空间，也就是人与人的连接，真正实现 201Link，这是一个万物皆可连接的时代。

综上所述，作为以交通带动的 TOD 项目，用 201Link 的主题思想，一方面是通过交通连接城市外部的世界，另一方面通过社区连接到当地内部的世界。未来城市的 15 分钟生活圈理念，一方面连接周围的公司办公室，另一方面连接周围的居民。向外开放面对街区，用自我的方式呈现存在，开放连接周围社区环境；向内展开空间，适应后

社区之巷，社交之园，社会之路

期的运营调整灵活可变。这些商业的思考都会通过动线的设定来引导行为，这是是商业设计中的重点，也是运营思想的体现。

　　社区之巷。里巷之间，日常生活，超市与特色菜，一切都充满温情与烟火气，有家庭的温馨、长者的关爱、宠物与孩子的嬉戏。那么如何体现这样的想法和内容呢？用哪些做法来表达？设置贴近生活的小店成为一些人的日常食堂，设计体现儿童友好与宠物友好的界面，让更多人的人愿意进来，预留一些交换社区信息的布告区，促进后期生活的互动性，等等。这些都能够帮助展现这样的运营想法。

社交之园。CBD与社区之间，工作与生活之间，总能找到自己的治愈系花园，艺术与"潮玩"的文化范，定期的圈层活动趴，还有每日都想和朋友坐下聊聊的绿色小角落。留白的区域的可变性，能够为未来创造无限种可能。通过组织不定期的活动，让偶尔过来的人体验惊喜，合适的活动在未来可以转化成为定期的活动，在一部分人心中形成可选择的习惯，进而产生黏性，促进消费的形成。

社会之路。通勤路上，早高峰晚高峰，最喜欢的就是高效又美味的标准快餐，店门口的小姐姐都知道你想要什么，大家不只是卖家和买家的关系，更是每日相视一笑的熟人或朋友，通勤的道路真美好。此处空间动线的流畅性是关键，满足消费者选择的简单、便捷，导视系统与物品摆放的清晰，都有利于节省时间。除此之外对于工作人员，还要考虑操作工序的合理性，这些都有利于效率的提升。

未来的社区是什么样的，未来的工作与生活如何连接彼此，应用场景会是什么样子的，有了开放的想象，有些空间在设计的时候就定义了是灵活的多功能空间，可以有多种使用场景。这些都和运营者关注和考虑的目标息息相关，能否促进社区的环境友好，能否满足商业项目的长期效益，设计师通过权衡功能与空间的诸多因素，将其呈现。

诸多因素听起来似乎是复杂万分，其实只是项目的不同方面，如果能够相互正向影响自然会形成良性的旋转飞轮，社区环境好了，商业价值就高了，长期来看效益会持续提升。

比如，楼梯踏步可以设计作为日常使用以增加趣味性，能够引流人们去往楼上的屋顶花园，探索更多的空间，或许屋顶有活动场所，有不定期的市集运营。作为项目的一部分，还是要服务于整体空间的策略规划。功能上符合普适性要求，采用不同尺度的踏步，并分成日常走动区和休息区两种模数。材质上也可以选择石材和木纹组合式，既能呼应室内的装饰，又能与室外的环境呼应；作为室内和室外的过渡区域，木纹让空间显得温暖又安静，拼接方式采用渐变序列，使得看起来有大自然的肌理感。

又如，楼梯踏步可以设计作为社区社群社团的活动场所，可以作为可租用场地。作为运营的扩展空间，可以结合所在楼层区域的商业业态，比如未来旁边如果开办的是一家书店，这个空间可以作为书店的扩展空间。给了更大的空间后也有利于出租，且能作为公共通道使用，配合举办各类活动，形成越来越被大众接受的集合店形式。结合原有的木色和石材组合，加入绿植形成错落造型的方式，让空间更具生活气息。

再如，同样的楼梯踏步还可以作为新型商业空间，开展策展型零售，展览展示空间的艺术性。在形成空间的沉浸性上，可以结合在地的艺术家定期举办不同的活动，运用这种内容创意的方式，未来也可以和 Teamlab 这一类艺术合作的形式，增强体验感和趣味性。获得文化认同，吸引更多的文化或艺术爱好者，对这样的特殊群体形成黏性。

为达到这样的多功能使用目的，不同的活动主题之间的自由切换，特别是场景氛围的多样性，最方便的方式就是借用灯光的变化达到便捷的切换。但作为场景转换的灯光也不能暴露在装饰面之下，因此需要着重设计天花部分。经过模型推敲我们最终选用了起伏形态的天花造型，就像是圈起的云的形状，变化的升卷弧度，能够很好地隐藏灯具的存在，因此不仅能满足不同场景下的打光，视觉上还能见光不见灯。在活动场景模式时，通过打开舞台面光源，舞台方向的位置就会被打亮，不管是表演还是剧场模式，都会更有聚焦和场域的氛围。切换成策展模式时，又可以开启另一面的灯光，聚焦在展品和艺术品上，弱化周围环境的同时突出展品本身。对于活动的场域感也会更有聚合性，而且白天的时候更容易营造侧面光的戏剧性和顶面光的神圣性。

况且现在的设计都不是单一的设计，而是由多种专业交叉形成的综合空间建构。同样的场景实施还需要更深入的细节尺寸考虑，需要结合灯光去计算，如果想要营造出TeamLab这样的沉浸式艺术体验场景，还需要多媒体的设计介入，变化的影像还需要算法和数据在程序下完成，还需要交互设计的参与，等等。

另外，有时候设计灵感的产生也和特定的时间有关，就像在新冠肺炎疫情暴发后封控期间，大家都居家办公，由此产生了一个关于城墙的设计方案。这个想法来自：如果古代封城会怎么样？大家都说假设我们都生活在古时候封城时，最想做的事情，就是要走到城墙上去看看。即使今天去一些古城，比如西安，看到城墙还想去城墙上看看，或许还会去跑个步，去骑个车。因为空间已经被限定了，一面是墙，一面是台阶，于是就可以用比较有定向性的灯光，结合墙面，营造出一种城墙的耸立感，让人产生想走上去看看的心理驱动，这也是设计对人产生的引导。

高耸的城墙，也许会有一种压迫感，但是如果在尽头设置了光的引导，就会让人想起桃花源记：山有小口，仿佛若有光，接着便是豁然开朗，走上前去就能发现屋顶花园。这种空间体验也是很美妙的。

城墙之上

仔细罗列就会发现，设计中充满了无以数计的小故事，各种方式引发的趣味小故事，以至于都不被大家当作故事，习以为常地成为发生在你我身边的场景。如同那条小鱼，身在水中而不知道那是大海一样，我们也不知道自己就是故事里的一部分。如何书写今天的故事，如何创造自己和社会的链接。故事每时每刻都在发生，只是人类麻木了，所以才有了唤醒，才有了各种各样的解读，其实空间就是空间，就是你看到的表面的材料、空间的关系，和那些在意不在意的尺寸以及交接方式。

设计师每天操作于太过于具体的工作，开始的时候，做大量的调研，寻找当地元素，挑选、结构、转译，再应用。隐喻在那些笔划线条形态背后的故事，可能和某段历史有关，故事中风平浪静的文字背后，都是一个个当事人惊涛骇浪的瞬间，最终尘土飞扬，留下故事让人唏嘘不已。

如今每个项目都不假思索地结合在地性文化，都在调研历史人文和地理风貌，都具有本地特色，都用当地人熟悉的可视化元素。原有的事物确实会勾起美好的回忆，勾勒的细节也确实能打动人，但是到处都按照这样的方式去做，项目的同质化则很难能够再调动情感并引起共鸣。可是在一套评价系统里，什么是好的、什么是不好的都只是些许细微的差别，对于有时纠结于投标的中与不中的不确定性，似乎很多情况是其他因素影响的一瞬间。

笔者曾读过一本写唐代诗人的书，非常感慨，历史上那些闪闪发光的名字，年轻时做着和我们同样的事情，不管是诗仙诗圣诗佛诗魔，也不管是笔下惊天地泣鬼神了，还是仰天大笑出门去了，一样要找人推荐才能参加考试，像极了我们现在要找人方能入库投标。李白因为没有户籍找人找了十年都没能参加考试；杜甫考了十几年居然也没中过什么像样的"标"；王维、白居易、柳宗元、刘禹锡个个才高八斗，也没有能找到什么好机会。漩涡之中每个人都难免受到所在系统价值观的裹挟，时代的灰尘落在个体的身上就是一座大山，做自己喜欢的事情就好，中标是偶然的事，没有，就当是要穿越历史迷雾了。

你是不是有点跑题了？不过历史不就是由无数的跑题组成的吗？技术发展，朝代更迭，不都是在跑题中一路演变的吗？所以商业社会建筑与设计的跑题也是稀松平常的事，传播好像就是那时不时跑题的放大器。

所以，世界无序又有趣。

园林中的商场

有趣，往往只是设计师乐在其中。

园林商场，园林中的购物体验，就是一个有趣的项目。

古典的苏州园林是一个由水、石、植物和建筑组成的一个微观世界。歌德说，仅当真正绕行并游走其中时，建筑生命才能得以体验。这样看来园林是最适合这种建筑生命体验的建筑学了。

建筑设计已经结合项目所在地，苏州的城中有园，园中有城，如果将城市格局平移到室内的尺度，或者说是截

园林商场（1）

园林商场（2）

游戏的猫

取城市的部分场景，移植到室内环境中来，从而可以保留人性化尺度的水道，沿河而立的高低错落的房屋，依然都是未来供租赁商家经营用的店铺。店铺的房屋与庭院之间没有明显的界线，一如园林中散落的院落。功能上是现代的商业空间，却能带来独特的空中园林体验。

从商业运营的角度，能够创造一个园林式购物体验这本身就很独特。常见的购物中心都是琳琅满目的商业喧嚣，让人想要逃离，而这里却像是在苏州园林里闲庭信步，有流连忘返之感和移步换景之乐。

设计师如果想要让项目更好地投入使用，前期都必须像是好的导演，运用设计的语言，引导人去他想要你去的地方，设计你游走的路线，设计你的公共空间的生活与娱乐活动，带着你体验他想展示给你的一切。这些体验与生活场景可能又会引导出不同的未来，就形成了空间抒写的故事，不同的人还能发生不同的故事。为了让这一切更有趣，还可以加入一个见证者，比如园林中的猫主子，这些被称为 IP 的形象，有时候会被赋予很多意义，有时只是单纯随机出现的，如同生态进化的随机性一样，没有绝对的对与错，既合理又偶然。

往前推 50 年，人们居住的社区或者房子周围好像并没有那么多猫，不知道什么原因，现在很多猫生活在小区的院子里，好像那里就是它们的家，也许真的如电影中描述的一样，或许还有我们不知道的猫群社会。猫群或许也像人群一样有自己的疆域意识，有约定俗成的规则与秩序，连它们活动的区域也因不同的猫群有不同的限定。可能很多人在居住的小区都有过这样的经历，经常在同一块区域频繁地见到一些猫，在另一块区域见到另外一些猫。还有就是，猫族社会肉眼可见地越来越繁盛了。不知道是不是它们的兴起意味着更多，今天的我们无从而知。

商场内建筑屋顶

如果把时间回放几百年，古画中有植物、石头、建筑，有花鸟，也有猫。历史上不知道是不是有一个像现在这样疯狂撸猫的时代，不知道它们几时繁荣又几时沉寂。猫是很独立的一个族群，和人类若即若离，科幻小说里说有一天"猫主子"是和人类一起拯救地球文明的主角。

接着这样的设定，这些猫会出现在哪些场景中呢？不妨来放纵的头脑风暴一下，是否需要构建一个未来是猫主子天下的故事呢？现在每个园区已经到处都有猫族存在，而且它们似乎生活得越来越快乐。

这些猫可以只是具象的趣味雕塑的猫，也可以结合摄像头功能，结合广播功能。这些"猫主子"如果成为园林的形象代言，成为系列产品，还可以编写成相应的故事，形成绘本，成为周边产品，可以成为这里儿童书店的独特产品。或者只是单纯的玩具手办成为大众喜爱的 IP 形象。如果真的好好运营，确实可以像迪士尼那样，成为丰富的周边各类文化创意产品，可以有书、有电影、有乐园，这些在未来都值得期待。

设计师创造了空间，故事在这个空间中能生长出更多的故事。这是设计的叙事性，也是设计的实验性。对于项目所在区域，对行业、对产业能产生什么样的正向影响，都值得探索。

建筑师和设计师们，通过空间进行实验性探索活动，本身也是文化资源。这些文化资源，可能是结合实物形态的历史古迹和人文设施，可以是非实物的艺术创作和民俗。围绕文化创意产业形成的文化街区，能够成为地标建筑或文化地标聚集地，对于促进产业聚集，加强相关文化艺术创作，提升产品的文化价值和品牌价值，这样的设计创意就能带来对外部环境的影响，成为文化符号，被各种传播媒介放大之后产生更大范围的影响，进而产生更大的价值。

有些影响是直接的，比如商场的人群，比如商家的销售；有些影响是间接的，比如周边商业街、社区、城市。还会给制造业带来新协同发展的效应，有效的文化创意能够主动适应、激发和引导传统制造业和市场环节，将文化要素融入产品设计研发、品牌营销等环节，提升文化价值和市场价值。传统制造业对于资金和能源的依赖较大，文化创意提升了制造工业设计和品牌溢价。

从微观角度，比如因为组织、活动、社群，形成相应的文化创意产品或服务，衍生了更多的新兴的文化创意产业，对于个体项目的营收、本地的经济影响、社会资源的再整合及环境改变都产生巨大影响。从中观角度，单个项目会影响关联组织，从而形成相应的文化和产业的聚集，产业内部之间的关联性也会进一步提升。产业链形成，更容易形成产业经济，这种生长方式也会给其他产业带来启发。从宏观角度，促进围绕文化创意产业的相关政策日益完善，政策驱动文化创意产业快速发展。

除了商业构建上的实验，对于这样特殊的项目还可以加上特定的科研上的实验。园林是传统文化的集大成者，包含了自然人文、建筑、诗书画各种形式，呈现形式也是从二维的画面，到三维空间的演绎，还可以加上时间的尺度而表现出四维的延展。

园林式购物商场一直有人提出，真正做成的则少之又少，最多是在其局部有园林，或者用装饰性的人工绿植，在视觉上加入自然的元素，从而给人以自然的错觉，但对于环境和空气质量则不是真实的自然环境。这里的园林商场是一个慎重的尝试，除了几棵目前还无法在室内成活的大树之外，用真假结合的装饰完成，其余都是种植了自然生长中的有生命的植物。

这其实是产品认知上的自觉，有些项目还停留在追求形式与装饰，因此会选择形式上的园林，吾悦园林这次则是真实的体验，真正的把花木扶疏引入了商业空间。在对产品认知转变背后是对人与环境的关注，从单纯的视觉形式上的关注升级到空间质量的关注，呈现体验的多维性，有沉浸式的园林体验，有适宜自然生长的温度与湿度渗透在空气中的感受。

有了对人的关注，就会有更多在空间引导行为上的思考。不仅有对工作人员的引导，对运营组织思想的影响，还有背后设计价值观的传递。戏台边的中国古戏台模型，让人从乐趣上升到学趣，体验设计大师迪士尼的研究者发现，学趣是乐趣的升级版，这种带有体验感的学习乐趣，是很多家长求之不得的。

这种学趣的设计可以体现在很多方面，比如体现在金砖墙上，带有二维码的信息，让人忍不住要去扫一扫，进而让人对苏州的文化名人有更深入的了解，文化艺术就在这一扫一玩中得以传承和延续。如果说周围的店铺提供的是物质食粮，那么这些设计就能够提供精神食粮。

如果说这些是对客人和参观者的设计引导，那么生长的绿植就是对工作人员的引导。因为这种成长的关注，会让他们更有匠心、更关注细节。意味着这个商场的管理会更加的人性化，从工作人员甚至打扫卫生的人员都会关注到一朵花、一棵草的生长，从而关注到商场中的每个人，这也是设计的行为引导价值。

　　在日本的园林中会看到，一群人围着一棵松树清理上一年的叶子，为了让新的叶子长得更好、更翠绿，在无邻庵会有人拔掉青苔上生长的小草，以防它挡住了阳光，影响了青苔的生长。这些行为的背后是匠心，是关注。这种从环境到人性化服务与关注进而让这个空间更加美好，让空间中的人也更美好了，这样就形成了一个生长的环境，更加良性地循环与发展。他们可能会因为关注，看到了一颗露珠的晶莹而有了一个甜美的微笑，因为这个甜美的微笑而有了一个明媚的天空，因为这些空间更美好，空间中的人也更美好。

　　如果说这些是对个体的影响，在这个共享与多元的时代，我们是否可以有更加深入的探索呢？是否可以像亚马孙的球球建筑那样吸引植物学家来作研究，研究温、湿度甚至光线和植物的生长关系，是否加入了不同的光对于植物生长的影响，有光合作用的红光，给予能量的蓝光，以及控制成长的黄光。目前在国内还从没有商场进行这样的研究和探索，不知道园林景观专业的老师和学生是否有这方面的研究。

教科研的介入，将社会组织或者学校与商业组织的资源共享，能否把商业空间和科学研究产生关联。是否能像在公园里认领一棵树一样在商场里同样认领，这样和社区、和人群是不是会有黏性，或更具有意义？如果对资源的多元整合与发展都有帮助，商业空间未来的探索一定会带动更好的发展。

如果商场成为学习实验基地，在这里做数据的收集，对于未来的项目也是一种开拓性的尝试。今天的室内生长环境甚至未来的植物生长、环境变化，是否会像《流浪地球》中一样，未来我们人类全都生活在地下室内的环境中，该如何打造我们的园林？甚至未来人类真的去往火星居住，我们又如何打造园林式空间，这些都可能会是一种探索。

在这样的环境里，日常的场景就能帮助科学精神得到延伸，不仅仅停留在商业的体验上，也是很大的创新。如果商场能够和学校、和科研组织、和社区营造形成社群联动起来，那一定会产生更多的惊喜。多有趣，设计就是一场实验，人生也是一场实验。

这些活动的推进也可以吸引更多的社会组织主动参与，比如相关的社区营造组织。现在有越来越多的人组织相关的社区营造，松散的虚拟组织，从社区环境景观改造开始，这里对他们来说是最好的试验场。这样新故事在空间中不断生长，会带来更大的价值。

故事传播得越广，人来得越多，慢慢就会形成有共同爱好或共同认知的群体，这些群体和别的不同的群体产生了交叉，就形成了社区。社区的故事从古至今都是如此，有人讲故事，人就聚合在一起，就有了部落，就像在非洲看到的马赛人的部落。

说到这里，作为设计师的纠结与焦虑也就烟消云散了。在那些展开的长长的历史进程中，各种变幻如同天上的浮云，项目存在本身就是一个可以诉说的故事，如果存在的时间足够长或许就会成为某些文化的一部分。

历史好像从来都没有改变过。

商场园林水景

THE INVISIBILITY OF THE RESTRICTOR

控制者的隐身

说完了那些有趣的故事，剥离那些动人的、迷人的、感人的情绪，穿越种种被赋予了隐喻的符号或颜色，我们来一起探寻一下影响空间建造的本质，你看到的会是什么？

形态和材料；

体块和结构；

几何和比例；

数学和工艺……

任何一个建筑好像都是这些基本元素的组合，不管是内部还是外部，本质上是一致的。过滤掉那些颜色和装饰，看到的就是形态和材料，再进一步抽象，就是体块和结构；还可以归纳为几何和比例，最终我们就能回归到数学和工艺。行走在空间中，感受近人尺度可触摸的材料，识别其中隐约可见的拼接规律，体会其中的节奏和韵律。不同的肌理或平面或立体组合在一起，形成一定的几何形体：可能是基础图形的组合，比如三角形，或者圆形，或者方形，或者其他变幻的形态，也可能是更广阔领域的规律拼接。远观时构成了一幅自然的画，一张科学的图，又或者就是艺术作品的再演绎，蒙德里安现代主义还是至上主义，都有可能。

在立体空间的延展则是体块的堆叠组合或穿插，还可能是曲面相连形成的异构空间，这些形态的背后必定存在着相应的内在规律，只是有时那个公式太过复杂，古人是不会去探究的，他们只用身体和手艺去探究材料和造型的可能性。今天的我们在建模时，则是拆分成无数个小模型去组合，或者用一个公式去建构出来，还可能就是在应用程序中的各种命令的组合。

即使看似自然的、无规律的表面变化，经过扫描，也可以清晰地分析出相应的关系，一步一步回归到数学几何，回归到科技和工艺。

不管设计师如何变换设计技巧，隐藏其中的控制者都是科技。科技决定了生产工具，也决定了生产工艺，这也是区分时代的最清晰的方式。由此也决定了每个时代有每个时代的建筑，雅典的卫城、北京的故宫、意大利的梵蒂冈圣彼得堡大教堂、美国的摩天大楼。这些遗存的建筑都代表着那个时代的科学和技术。

一千年之后的人们回望今天时，能代表我们这个时代的建筑是什么呢？他们通过什么能够阅读出我们当下生活的日常？建筑中各种作为结构的钢铁、混凝土、石材，如果没有特殊情况，这些材料应该都还完好无损、身居原位地存在着，成为未来有名的或无名的建筑，也许这些建筑的用途会被无数次改写。

虽然我们从小就被教育要尊重历史，但世界不能全都是历史，还要给时代一些机会，否则生在这个时代的人没有留下任何痕迹，该有多悲哀呢？回望过去，很多人在书写历史，又有很多人在修复历史，建筑就像是最真实的记录者。

所以当我们面对一个历史的建筑时，过去的设计师也许会选择修旧如旧的做法，但是经过了几十年的城市化建设与发展，现代的人更希望的是融合，也更符合当下人对待历史的方式。新的是新的，旧的是旧的，新、旧本应该在某个点上结合在一起，就像历史和未来在此刻汇聚成现在一样。

峰·雅·集是万峰林的一家民宿，从最初破败不堪的民房，到修整后的高端民宿。面对这样的历史的无名建筑，也许依然会有人支持表面的修旧如旧，内部的功能和隐蔽工程都要用新的设备与工艺。事实上今天越来越多的人能够接受老建筑的新生。

面对建筑的新生，就如同面对文化的新生一样，如何基于当前的时代，重新理解和传递古人文化的精华，体现在建筑上，就是如何让老建筑保留（老的）与注入（新的）。相同的建筑材料，由于不同的建构方式，也会产生完全不同的空间体验。

对原有建筑的沿袭与继承，也有很多种方式，比如材质的沿袭，屋顶还是青瓦，墙面还是毛石。比如对室内空间的沿袭，建筑的地基没有变，长、宽、高形成的长方体也没有变。但是可以改变屋顶的坡度，因为坡度的改变，相应的比例关系就发生了变化，窗和门的位置变了，整个立面看起来都变了，虽然材料还是那些材料，但是整体已经是一个全新的物体了。比例的重要性，有时候让人感觉建筑就像人体一样，细胞还是那些细胞，甚至数量都没有变，但是细胞变大了或者变小了，人就变胖了或者变瘦了，虽然五官还是那些五官，但是整个比例都发生了变化，往往看起来已经不是同一个人了。

由此可见，比例是这个公式中的变量之一，甚至这个变量还可以无限地延伸下去。比如，同样的比例，把边上的一部分转化成玻璃的材质，这样就在一侧形成了石块体与玻璃盒子的穿插，如果在门口的位置再加上一个玻璃盒子，这样就形成了实体与虚体的穿插，在这些体块的处理上，依然使用与毛石砌筑相应的比例关系。大比例的结构细部也同样都是一样的比例，看起来是分解的，但都统一在那个数字的控制之中。

因此寻找那个数字就非常的重要，每个项目在开始的时候，都要进行模型推演，这个阶段就是数字探索阶段，整个项目的比例就在这个阶段确定。说是审美也好，比例也好，最终都会以数字呈现。

今天的设计师也会像以往的人那样，要去不断地尝试比

立面模数关系

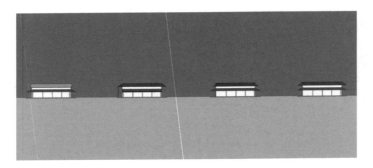

立面模数关系

例关系，只是可以有更多的参照，比如公认的黄金分割比例之外还有很多参数，让我们不需要一个个去实验，也不需要在海量数据中去试验。前人已经实验过的数字，可以节省大量的时间。原研哉设计的小米新 Logo 也应用了很多的参考数学公式，最终选择了一个合适的比例。拥抱科技是每个人都需要做的事，如何作出更好的选择才是真正要修炼的能力。

另外，由于有更多的工具和应用程序来帮助设计师做前期的模型推导，所以现代人的实验是可以先是虚拟，再是现实的，不用像古人那样一定要物理的呈现，生为当代人是开心又好像不开心的。我们生活在这个时代，勾股定理被发现了，万有引力被发现了，光能方程也被证实了，在电视剧《三体》里的地球人说：我们的基础物理学被锁死了，甚至不知道身边的物理学家都在干什么了。环顾四周，好像我们身边也没什么物理学家，也许那些本来应该做物理学家的人现在都去干别的了，比如造房子、做设计、搞装修了。

现在造房子好像也用不到物理学家，只要懂点材料性能，懂点受力分析，再懂点如何造型与搭建结构就可以了。看起来建筑设计就是这些，可又不只是这些。建筑作为一种社会性存在，还需要更广泛的社会学背景，还要知道这个建筑之所以被建造，其使用功能与商业价值是什么？需要聚集哪些人？他们在这里要干什么？建筑构建了什么样的环境与功能？

虽然大部分人对建筑不仅仅是从功能与环境去判断，更多是从主观的、感性的和外观的美与丑来评判。可是什么是美呢？是谦逊低调地融入环境，还是石破天惊地直接耸立？这背后有太复杂的因素，短时间看那些选择是轮回又反复的，长时间看是并置的。除非观看的人真的有清晰的判断标准，真的知道自己喜欢什么，这些看似简单的问题，有时却很难。很多独立的个体并不是完全清楚自己的选择，更何况作为集合体的众人呢！

无论如何，世界是多元又变化的，历史学家说历史都可能是任人打扮的小姑娘，未来的人不可能知道真相。做的人，解读的人，和体验的人，也许都只看到了一个维度，这些看似矛盾的万象，却是世界的生态，也是万物共创演进的方式。

今天可以看到很多异构建筑的独特形态，这一方面探索了建筑师想象力的边界，另一方面也在探索技术的边界。这些看起来若有若无的生态设计应用，也许更代表着未来。今天的技术还只能转译表面的秩序与节奏，这些物理的形态，如同自然科学的呈现一样是数学的、数列的，不管其中的参数和模数如何，又来自什么逻辑关系，各种因素共同作用呈现出来的数学之美，还是会让人惊奇又敬畏的。由此而呈现的美感，也许不仅是建筑本身的尺度，也是隐匿其中的看不见的公式。

科技的进步，衍生了许多新的工具，让原来人力所不可为之的结构形态变成了可能，造型的本身也是当下技术工艺的呈现。同时，工具和材料的改进使得成本进一步降低，因此可以适合推广应用到更多的项目上。这样的例子有很多，建筑的由内而外，从形态到运行系统，数字化、参数化，甚至 AI 系统程序的应用让这一切都变成了可能。设计师、工程师们通过新的应用工具，更容易把模型创造出来，也可以更系统地通过模型分析，进行拆分装配化制作加工，同时应用数字化加工方式，让这些设想都能够很好地落地实施。这种一日千里的变化让人感叹这一切背后的科技，科学和技术才是限制设计发展的天花板。由此产生的效率也会不一样，就像现在人们热议的 ChatGPT，有人观望，有人探索实验应用，可是十年后拥抱 AI 的人和不拥抱 AI 的人，他们的未来可能会有很大的不同。

眼科门诊

设计之初考虑选择用什么样的形态能够表达眼睛这个精密系统呢？这么神奇的结构，在自然演化过程中，能与之媲美的可能就是神奇的数学了。于是我们根据现场情况，结合游走功能的布局，在入口处自然形成了一个异形的中庭空间，结合这个独特的空间，创造了一个引人注目的异构。异构的灵感来自自然界的密码——斐波纳契数列，是研究了仿生学和参数化设计所完成的建模。

根据这个限定的三角形空间，寻找中心的聚焦，处理方式体现了极致的数学之美，以完全几何的方式，在入口对称处寻找一个圆心。根据此圆心，融合了接待功能、展示功能、咖啡厅功能，组合成三个同心圆的构成方式，通过理性的计算，形成了斐波纳契图形的游走方式，有核心聚焦，有透视穿插。整个结构用圆管钢材焊接完成，形成这种有数字美学的造型空间，同时在两个顶角对应角度，嵌入两个艺术装置。一方面作为路线的引导，另一方面还可以限定观众的视线。

艺术装置也是专为这个空间来打造的，正面看是一个圆形，因为有一定的厚度尺寸，加上透视延伸，形成一个眼镜剖面的感觉。材料是使用业主一些废旧眼镜的镜面贴膜之后，以六面体镜面的形式拼接在拱形空间，因为有不同的角度，参观者可以看到反射出无数个镜像的奇幻感觉。透过这种奇幻镜像，会启发很多的思考，比如可以启发人们看问题时的不同视角，这种体验式艺术的启发性会形成身体和生理性的记忆。参观者可以从这里出入，进入内部的展厅欣赏侧面展架上阵列式、盲盒式，或者说在过渡性视觉接纳产品的同时，抬头还可以看到内部展厅顶部的一个动态的拱形装置，这是结合照明功能和编程动态的现代艺术，根据时间和固定频率形成动态的开合，如同我们的眼睛，我们称之为瞳。你在凝视瞳的同时，瞳也在凝视你，在注视之下每个人的感受都会不同，有人会反思、有人会躲避、有人会学会珍惜和爱护。

这种科普性的艺术装饰，会带来很多不同的体验。游走在这个空间，有服务的清晰动线，也有自由探索的趣味性和惊喜感。

异构的造型以前是很难加工的，每一片都有不同的尺

模型效果

寸，现在工具的进步，只需要输出公式一切都被自动分割和定义了。现在很多技术都还在苟日新、日日新的速度进步着，只需要用关键词都能够轻易完成自定义，成本低，效率高。

很多精妙的工程力学的结构看似是数学的，同时也是生物进化几亿年演化出的最优解，无论是从结构的安全巧妙精致性，到材料的使用量，还是材料的节省模式，甚至是从材料本身的选择上，都能从自然之中获得启发。这好像从另一个角度来告诉大家科技源于自然，这么说科技的发展也是自然进化的一部分。而且科技的发展改变的不只是建筑设计外部的形式，更多新的技术也被应用到有独特性能的室内空间，比如原来只能居于户外的景观园林，甚至是热带雨林，现在都可以搬入室内。

位于西雅图的亚马孙总部的办公室 Spheres，估计是室内设计中运用植物最多的办公室了。在喧嚣的城市中，生生地创造出一个室内的热带雨林环境，员工可以在这里午餐、休闲，举办一些活动。热带雨林的生态系统中的每一种生物都是一种独特的存在，自然生态中每一种生物都是一种解决方案，真正搬到室内就需要相应的技术创造出每一种解决方案。高处的参天大树，低处的地被蕨类，中层的草本灌木，各取所需。

办公室从室外部分就开始呈现出起伏的地势，茂密的植物，参差错落，在入口处就有点进入森林小径的野生态。进门之后，踏过几块错落的石块，体会漫步跨过溪流的乐趣，路边几块随意堆放的巨石，可以当作休息的石凳等在那里。余光扫视，立刻就会被一片巨型的绿植墙震惊到，从一楼到四楼二十几米高，赫然耸立，集合了几十种草本蕨类植物，茂盛繁荣各自狂野生长的感觉，不时有喷洒的雾气冒出，似乎这片墙在呼吸。不远处的各类植物高低错落，不同尺寸、不同姿态、不同的叶片。植物按照不同区域来布置，同一区域基本会按照原产地的地理位置、海拔、温度等进行楼层设置。功能性的休息座位和会议室，随意地散布其中。会议室的墙上也是随意布满了藤类植物，仿佛这里真的是森林一般。在这样的环境里工作效率应该会被大大促进的，头脑风暴的结果一定会更开放、更高效。

树丛之中还有一个很明显的鸟巢，远观像是悬浮的树屋，看起来像是木结构编织的围合区域，实际材料应该是

办公楼外部的休闲广场

悬空的鸟巢休闲区

老树根里的感应装置

金属的。把木材加工成随意编织的片材，需要的工艺难受远大于把金属加工成木材的样子，当代的工艺技术已经可以将材料做到以假乱真。比如森林中的树屋，用木质是最合适的，但是作为公共空间从消防规范和材料的使用性能角度来看则是采用金属材料更合适，其防火等级更高，尺寸更能满足需求，且抗性和韧性等都会更好。设计师通常会选择转印木纹的金属材料，视觉效果上既满足木质的要求，又能达到材料的性能要求。

作为一个鸟巢状的洽谈区，通过一个挑空的空中走道，创造出悬空的空间关系，增强了到达的趣味性，可能还会让坐在这里一起讨论的人感觉更有共识吧。小时候只有在书上看到的树屋，都是很难到达的地方，自带了奇特又疏离的属性。这里还配备了围合的卡座，开会休闲总相宜。

放眼整个空间，还能看到很多休息的座椅以各种不同形式组合，分布在不同区域，同时也满足了不同大小团队的需求。有的隐藏在巨型的热带植物茂盛的枝叶之下，巨大的如同伞一般的叶子，下面就是休息的座椅，坐在下面能够清晰地看到叶脉伸展的姿态，支撑出一片宁静的世界。

散落在小溪中的石块形成了散步式的小径，旁边高低的草丛中还有一些看似腐朽的老木桩，其实别有玄机，内部植入了一定功能的感应器，看似原始实则功能新奇。

据说在整个空间里大约养殖了四万种植物，这些植物来自不同的地方，背后还有很多故事，大部分是社会上不同生态的社群或者志愿者捐赠的。众多的植物，使得这里的空气质量、空间含氧量、体感舒适度及心情愉悦度都和普通的办公室会有所不同，在此工作的所思所想或许亦会有所不同吧，人类经历了几千年的文明洗礼，在进化的DNA的深层，还是向往居住在树林里的。

这样的生长环境的维持需要科技来助力，没有科技的辅助，室内植物几乎都无法成活，也无法成就这样的复杂生态。这里的光照系统、空气温度和湿度系统，都是由植物周围的感应装置来自控控制，在根据植物生长习性划分区域的同时，也会根据不同的植物设定不同微环境。

爬藤会议室

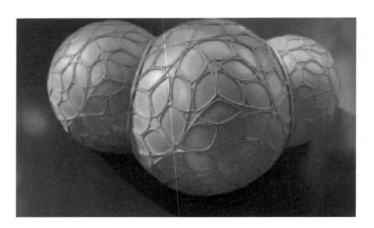

亚马孙球体结构

绿植墙

众所周知，光照对植物的生长非常重要，

所以那里的照明有不同的功能光，

有补充能量的光，有促进生长的光，

还有抑制生长的光，

植物学家从对自然的研究中获得这些知识，

还需要再应用相应的智能技术，

去还原或者创造新的环境。

未来这些技术也能够服务于更多的自然，灵感取

之于自然，也用之于自然。

目前还不知道未来的人们是不是会移民去火星，

如果去的话，那里的生态系统是不是可以用同样

的方法来创造，

也许不知不觉中人们的这些实验

都是在为未来做准备的。

在这个热带雨林般的办公室里，植物是主角，办公的各种功能都穿插其中，人类就像是地球上的孩子，石头和植物如果有人类的情感，也会当人类是孩子一样看待。科学地说确实如此，在这个星球上，作为无机物的石头、有机物的植物，它们才是地球的主人，人类都只是宇宙的过客。

也许未来火星上的建筑和这个类似，由钢结构和玻璃组合而成，看起来像生物球球。越来越多的出现并被接受的仿生设计，和满满普遍应用的参数化设计，集成了自然和人类的最优化模型。同时对于光和通风的计算，都提升了能源的效能。B1楼的展厅内有球球的结构模型，能够清楚地看到模块的原型，如同枝干的变形。

如果说上面这个项目透过室内热带雨林传递出人们对生态环境的关注，隐身背后的科技就是保证这个有组织系统的应用支撑，事实上越来越多的项目想向人们传递科技与生态的思考。生态设计并不代表回归到自然中去，回归到初始的原野与蛮荒中去，毕竟作为现代的文明人也真的回不去了。虽然很多人都在呼吁关注环保、回归自然，但作为居于这个时代的每个人、每个行业，都无可避免地站在科学的巨轮上滚滚向前。虽然很久很久以后，人类的归宿也许最终还是自然，科技只是送我们到达那里的工具。

透过建筑回望人类文明的一隅，那些当时的设计者无比在意的空间造型装饰风格，都只是人的情绪而已，如同每个人的体感一样，情绪会影响生活，但不会决定生活的走向，科技才是那个看不见的隐形动力，是决定到达与否的关键因素。纠结的人类一方面想借助科技工具前进，另一方面又想要放下工具就地取材。听起来有点像放下屠刀立地成佛，以前听这句话的时候，以为人真的可以立地成佛呢。后来有一位法师说，放下之后，真正的修行才开始。关于未来生态也是如此，不破坏是放下，真正的应用还是需要科技带来的改变。

想要简单易行的生态环保，最方便的方式就是使用眼前随手取用的可回收材料，不管是改造还是新建的项目，目前都得到了很好、很广泛的应用，一方面当下的技术与工具能够有效地支持、改造、利用这些遗存物，那些带有地方特色的材料和做法工艺；另一方面保留历史的痕迹也是与在地文化进行连接。

站在宇宙尺度，在火星上的人类什么都没有，面对全新的生活，只需要考虑如何能够克服环境的挑战因素在那里生存下来。但是从宇宙、从火星拉回到现实，拉回到我们生活在当下的地球，人们就会附加进更多的想法，比如历史、环保、材料，等等。

星巴克的工厂化体验中心，是一个从一颗咖啡豆到一杯咖啡的整个过程的体验中心，从物质的健康环保，到产业链的环保健康，在项目中不管是从有独特性要求的实验空间，到开放普适的接待空间，还是多元感受的体验空间，都有针对性地使用在地性的回收材料。游走在这样的空间中，阅读这些再利用的材料，感受时光的痕迹。

前台处的玻璃砖墙，用现在的眼光来看，也是一种很传统的材料了，几十年前，这种材料刚出来的时候，作为特色的装饰有过一定程度的广泛的应用，这其实是一种非常好用的材料，具有原始的建构性，形态和用法功能接近古已有之的砖头，尺寸也具有可选性，同时还有透光性，拆除之后还可以再利用，避免产生建筑垃圾。很多本质的材料都是如此，原始的石材，工业本性的钢材和玻璃，这些材料的稳定性非常好，拆除后还可以被再次利用。如果有人组织的话，这些都可以作为主力军进入再次利用材料博物馆的。

老旧的家具和板材的再回收，是很多人想做但又很少去做的事情，从成本上来说，买一个新的可能更低，花的钱更少。因为如果买回来这些板材再次利用，可能会花费更多的时间，还需要特殊的手工艺人，这就成了限制条件。而克服了再次加工的技术难度，可利用的材料会呈几何倍数地增加，甚至有一种材料的自由，更是一种思想的自由，仿佛万物皆可以再利用，万物皆可再创造。对废旧家具的再创造，如在老旧的木板上加上钢材的连接组合，再加上现代标准工艺的家具脚，可以呈现出独特的艺术感。对拆除的混凝土墙整体进行切割，可以作为板材和体块材料使用，结构很坚固；也可以作为固定家具的结构、可以作为功能性桌面，还可以作为桌腿使用；加上玻璃桌面后，既能满足功能需要，又能呈现独特的原始和工业美的结合,这个过程中的创造和不可预见的惊喜，更能体验设计的快乐。

通过在地性的回收材料，可以降低很多碳排放，真正做到低碳制造，比如废旧的砖块瓦片都可以被再利用，甚至几十年前用量很大的水磨石也能被再利用，虽然现在很多项目也用了水磨石，但时间沉淀过的水磨石，不管是骨料的颗粒和呈现方式都和当下的材料有所不同。

从中我们也可以看到，不管时代如何转变，材料的表面也许有些不同，但本质上没有大的转变。建造的本质是容器，是材料和工艺。穿过时间的迷雾，峰回路转，千帆看过，再来思考，什么是室内装饰的本质，是当下的生活，也是材料和工艺。但是跨学科的思考，也是生态的思考方式。单纯的建筑学思考，整合了社会学及历史学、数学等多种学科的思考，思考问题和解决问题的办法就会更加多元与生态化。

作为庞大的咖啡产业，如何体验到完整产业链的各个相关方，比如过程中非常重要的一部分：种植咖啡豆的农场与农民。如何去表现，才会更能把人带入，沉浸式体验是一种不错的方式，还是有别的什么方式呢？场景再现的方式可行吗？在这个项目中除了尝试使用了很多绿植墙，还有一些室内孤植和群植的植物，既有观赏性，又对空气质量净化和优化也有很大的帮助。为了能让人对这种沉浸式场景的体验更加深刻，在天花处理上也结合使用了与屏幕同步演示的高清展示，而且这个展示图像，来自真正的农场摄像传送，实时传送，让体验者身临其境。通过这种虚实结合的方式，不光有视觉的生态，还有嗅觉上真实的植物呼吸，再有触觉的体验，借助科技之力，能够延伸感官的体验。

　　不管是用科技的方法，还是用就地取材的方式，都和环境相关，和未来相关。对于未来生态，可以有更系统的方式。我们做的项目时候，还要更全面地考虑全生命周期，不仅是在使用的材料上，还包括在生产过程中，在未来的使用过程中，甚至未来被丢弃后对环境的影响。如果能够在做设计的每个环节中，都深入思考对环境的影响，那么生态设计就真正地被贯彻了。

　　越来越多的造型如果通过数字化计算，可以用最少的材料，满足基本功能建构，仿生学的应用，模拟出最优解。避免过度装饰，是最简单也是最方便的生态环保的方式，可是很多人做着做着就忘记了。

　　因此在选择材料上，尽可能地使用可持续性材料。比如，竹子是一种可持续的材料，可以用来代替木材。它坚固耐用，生长迅速，有些竹子一夜就可以长一米，还不需要使用杀虫剂或肥料。这些方面，都可以减少人类对地球资源施加的压力，是一种很好的环保材料。目前这种材料在室内设计中的应用并不是特别多，可以考虑开发性使用。

另外，要考虑能源效率，这一点很多人容易忽略，比如考虑到加工工艺，现在应用特别广泛的镀钛不锈钢处理工艺，对环境的影响就特别大。所以在做设计时如果能够考虑生产制造过程中如何节省能源，尽可能使用节能型材料等就会更生态。现在设计中经常研究在地文化，如果能够进一步加强对在地性材料的使用，这也会减少因交通运输所带来的能源消耗。还有，很多设计也可以适当科学地减少材料用量，比如选用更薄的材料等，这也是节省能源的方式之一。

关于耐用性，体现在对耐用性材料的选择和设计的使用周期上。延长使用周期，在室内设计领域是一种容易做但很少有人考虑的一种生态的做法，很多空间可以再利用，但很多人都选择全部拆除。有些可以保留的甚至是可以使用的，因为这种或那种的原因全都被清理成了建筑垃圾。如果能够再利用，不仅可以节省金钱，还可以节省能源以减少对环境的压力。在设计之初，设计师如果有生态意识，可以对项目有更好的引导性。

最后我们还可以通过回收来或者再利用，改变用途，来减少垃圾，减少对环境的压力。归根到底，生态设计需要寻找减少产生废物的方法。当下越来越多的品牌也开始积极关注环境，热衷于可持续的空间设计。

后工业时代，设计师需要面对更多过去遗留的物品。是全部拆除，还是再次利用，或者改造性使用，对于室内设计已经是非常通用的做法，应用到建筑上还需要合适的机会。有些可能是历史建筑，须考虑历史价值、艺术价值、科学价值；有些是无名建筑可从全生命周期的角度来考虑建筑的改造和应用。设计师的价值观会更清晰地表现在项目上，也更能体现设计的社会性，而不是单一维度的空间。

青浦文化馆项目中对一个老祠堂的改造，从老房子里生长出的新房子，也是一种生态的表现，可持续发展的理念淋漓尽致地体现出来。这种设计项目会越来越多，一方面得益于设计师重视历史又关注新生，另一方面则得益于技术的进步，要保留这片墙的历史，需要付出更复杂的施工工艺。

从城市到街区，从街区到单体建筑，再到室内的单品家具，都面临同样的选择。

参数化设计在单体产品的设计中也被越来越广泛地应用，或者应该说参数化设计最早也是应用在工业设计中的，后来慢慢被推广到建筑领域中。这种依靠程序或者说是数学

新旧融合的墙体

关系来创造的简单又复杂的形式，可以解决高度异化的造型。

现在有越来越多的数字艺术家出现，有的艺术家结合参数化编程的方式设计了很多椅子以及家具和艺术装置等，这种科学和艺术结合的产品，有一种人力无法触及的数学之美。

如果说数学与比例是设计师的基本工具，那么复杂的生态的自然思维就是面对一切的信号连接器，设计师们仿佛打开了美丽的新世界，这种超越时代的算力体验，瞬间打通上下五千年，带来链接无限宇宙的畅快。

艺术展上的椅子

基于现代信息技术的现代艺术更强调对观念性、艺术性和思想性的探索，有一些数字艺术家应用当下信息科技、AI系统，采集自然数据，有山中之风的数据，海底之音数据等，用这些数据训练AI创作出系列作品《自然之梦》《海洋之梦》，这些震撼人心的动态图像非人力所能及。面对这些声音、图像的多媒体艺术组合，审美体验能调动所有感官的震动。

　　回到设计师的群体，一切的设计行为，某种程度上说都是科技借助我们的手在操作，室内设计的可持续是文化的回归，历史建筑的重生与毁灭也又是制度的变革，审美的选择似乎是文化的引导性，看似确定又都是无常。今天的我们确实是生活在一个相对稳定的时代，所以才有现在对古建筑的重视，才有对文化的尊重，才考虑生态化与可持续化。设计师总是煞有介事地认为自己在做设计，讲环境健康精神，其实你我都只是在一个在驯化的环境里，沉浸在自己的世界里玩积木的孩子。

BEYOND
DESIGN
设计之外

7

从朴素的个人体验，到使用技能的建构，为了提高效率我们引入空间策略规划，再到综合空间的商业运营操作，最终都被时代的科技隐秘地封印在一个个项目中。这些项目在岁月的风沙中，有些隐入尘烟了无痕迹；有些借势站立成一座塔，让经过的人仰视，又随着人的流转被传诵到远方。

远方是指遥远的地方，或者遥远的未来，能够真正穿越时空到达远方的毕竟是少数。历史的巨人迈着沉重的步伐，几乎可以摧毁一切，只有几座金字塔还矗立在过去与未来的路口。面对着那些经历了几千年岁月后的形体，才能体会到那些被口口相传的语言只是游戏而已，这些矗立的形象才是真实的存在，只是这些形象被折叠了太多的内容，我们已经无法读出其本来的意义。维特根斯坦说，一个是观念的世界，一个是真实的世界，说不清楚的时候就用行动来表达吧。

不同的设计师，在项目开始之前的作为也会有很大的不同。有些人在开始动手之前，心中不仅想好了方向，甚至已经有清晰的系统架构，做的时候便一气呵成。

因人而异适用于人类的所有行为，有些设计师在项目开始的时候，带着手一起来思考。没有清晰的思路，只有模糊的感受，也不影响探索的行动，边想边做，边想边画，灵感就在头脑中蹒跚着、酝酿着，在手和大脑彼此交互的过程中，慢慢找到连接的通道，打通的那一刻才思如泉涌般汩汩而来。

这就像古代那些诗人，有人一时斗酒诗百篇，有人千锤百炼大器晚成，有人字斟句酌吟出千古绝句，每个人的武器不同，能量值不同，成长的道路自然不同。有的人少年成名,有的人大器晚成,有的人则活成了整个时代的背景，因为这些不同世界才变得更多彩有趣。

做设计和写诗又不同，很多项目不是一个人完成的，而是一个团队的行为，通常项目设计是大家一起共创的结果。和不同的人一起做头脑风暴，是可以互相激发灵感的，甚至可以创造出惊喜的结果。更常见的是整个过程都在打磨，甚至都没有波澜起伏，以至于像是时代的变迁，要经过很长的时间积累才能看到沧海桑田，只是有时候项目的周期太短，短到不足以呈现整个波长。

无论时间长短，如果能够解决问题达成项目目标就能体现设计价值。因为这个世界的知识不是按照学科来分类，而是按照挑战来分类的。虽然在成长过程中都是按照学科分类来学习，但当面对具体项目时，一般不会想使用的是哪个学科的知识，而是尽可能地去跨学科寻找解决问题的方法。设计的学习好像又更加宽泛，所以设计师的专业面就更加的广泛，获得普里兹克奖的建筑师中，有三分之一都不是学建筑专业的人。

有人在自然中学习，从观察一片叶子、一朵花、一棵树或一朵云的形态，感知季节的循环、光影的漫步、温度的上升和下降、色彩的热烈与冷峻，探索大自然的秩序和规律，理解那些既统一又无穷的多样性，感知那些微妙而又和谐的能量。大自然将一切图形、规律、哲理都呈现在那里，等着人类去取用，润物细无声。

自然还能教会设计师摆脱原创性的执念，太阳底下没有什么新鲜事，学会用自己的方式去再造。原创性是那些闪闪发光的崭新事物吗？怎么界定崭新呢？建筑界的共识是，但凡你能想到的任何一件事物，某种程度上都以某种方式已经被做过了，原创性好像也不能简单地用发现全新的事物来衡量和定义。以原创方式理解和应用原来已经存在的事物，在其他行业中也是一样的，好像都可以从自然中学习，不论探索的方向和发现的路径如何，结论毕竟源于自然，肯定具有自然的共性，看起来就理所当然的似曾相识，毕竟别人也看过、用过和做过。

有人在旅行中学习。通过旅行，看到不同的风景，不同的地域的人的生活状态，由此产生不同的建筑形态。那些住在不同类型房子里的人，大部分语言也是不同的。语言和建筑都属于文化的范畴，不可思议的巧合又理所当然的不同。这些语言和建筑的背后是千百年来生活在此处的人们生活智慧的积累，今天我们到达一个地方，看到和听到的一切，都是经过历史上一代代人生活智慧编码完成后的呈现，如何通过呈现在眼前的结构、材料、元素、配件及节点，去解读背后的信息，就如同生物科学家通过眼睛的构造去解读人类的 DNA 那样，逆流而上的追溯。

这也许就是所谓的宇宙规律大同，从自然到形态语言到人们的有声语言，这些规律对设计的各个维度都产生了影响。

相比之下，室内设计更接近生活，沉浸于活色生香的烟火气之中。始于感官刺激获取的信息，最终又停留在感官的传递上。但旅行能带来的新鲜感，往往能打破固有的感知壁垒，行走在不同地域带来的陌生体验，通过视网膜到达大脑皮层，从而刺激人们对于所在地的人文历史、地貌特征、沧海桑田、历史变迁和当下的生活琐碎，强烈的对比，产生跨越时间和空间的思考。瞬间的深刻，通过身体感知到达精神的共振，设计师经历过这样的思考，在塑造空间时，赋予形态的同时也更有可能赋予空间以灵魂。

今天的建筑师无法像古人那样亲手体验真正的物理上的建构，所以无法置身其中的体验，只能通过手绘或者电脑中模拟墙体建构空间体系，通过材料建构组成装饰系统，通过空间和装饰建构了项目的商业价值体系，或许同时也建构了项目的人文体系。

每个人都有自己独特的成长之路，没有一个放之四海而皆准的方法，如果一味痴迷于寻找方法，也会用错力。之前看过一个访谈，一个学生问老师：现在流行的研究方法有哪些？老师回答说：比研究方法更重要的是先弄懂什么是学问，现在科技发展信息传递通道发达，每个人都能掌握很多信息，能看到，也能读到，但是，对于这些信息和知识的思考和提问，才能成为你的学问。只有学会思考问题，界定问题，清晰问题，把这些问题弄清楚之后，再来找用什么方法。研究方法很多，但问题更代表你深入的思考。这种独立思考的能力，也许不一定能带来普通意义上的成功，也不希望带来责任的压力，而是那种自我驱动的快乐。

除了自然和旅行之外，设计师更加不可缺少的就是练习，如果可以，最好能够沉浸在整个过程中。任何一个设计师的成长都是如此。

这个是在 TankShow 的油罐展览上遇见的平面设计师吴晓燕，如果再见到，肯定认不出。那天偶然路过这个角落，她如果没有站起身来介绍，我可能就会一扫而过，因为看起来平淡无奇，但是当她娓娓道来的时候，就能感受到"来过，看过，做过"的力量。

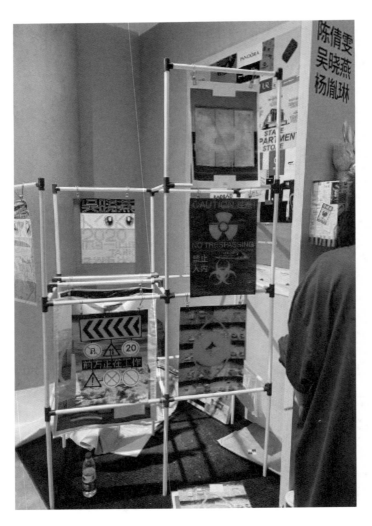

偶遇

作为平面设计师的她平时经常加班，这些展品都是她工作之余的探索和尝试。她想探索一下丝网印刷的极限，比如这个绿色很特别，一般的印刷和打印达不到这样的色度，透彻又有能量。

·左下角那个标识，是她在西安旅游时看到的。一般的标识只有两排或者三排，这个标识有四排，包含了特别多的信息，就像是很长的一段话，包含了很多句子，那样才能明白地告诉路过的人。标识的特别之处可以让不认识字的人也能够获得这些信息，我们越来越生活在标识之中，也生活在信息之中，被众多的信息所包围。就像在徐冰的一个展览中，用标识符号描述了一个人的24小时，从起床到搭地铁上班等，人们生活在标识中。

·右下角那个标识，是她在日本看到的，告诉人们这里有监控。在很多公共场所，特别是十字路口，都会有很多的监控，这个背景就是一个十字路口的监控画面。我们被很多人看到，我们的车牌号码，我们的脸，我们的所有资料和信息其实都是被监控的，我们生活在一个透明的世界。我们国家也有天眼计划，这也是我们这个时代、这代文明的特色。

•右边中间这幅标识，背景是尤卡山废料处置库，在Google地图上找到的照片，这里是核废料填埋区域，地球上还有很多这样的区域，对人体、对生物都是有伤害的。科学家说这些物质需要一万年才能降解，一万年可能我们人类都不存在了，也可能我们的文明都不存在了，这些标识还能存在，告诉以后的物种，禁止入内，要注意。

•右上角是她在荷兰拍到的一堵墙，用的是普通的板材，很多板材连在一起就可以做成一堵墙。这堵墙看起来很普通，加上了标识就会不一样，就会被赋予一定的意义。不同的人对这个标识的理解还不一样，甚至对于这个起点和终点的理解都会不一样，她给这个标识起了名字：一首诗。代表了她对这个标识意义的理解。我们很多时候都生活在自己的观念的世界中，就像小王子赋予了玫瑰独特的意义。

•左上角这个是针对这次展览设计的一个字体，平时没事的时候她就会去设计一些自己的字体，这也是作为平面设计师平时的积累和工作方法，用解构、笔画拆解的方式做设计。

她在做这些的过程中慢慢发现，自己原来是一个环境主义者，有意无意地在关注环保问题。自己的作品中或多或少都传递着这样的观点。找到了自己，也知道了自己擅长于做哪一类东西。

找到了自己，是最大的收获吧。从自我到身边的伙伴，知道了自己才知道如何去作选择。这也许算是不知不觉的设计，从设计的作品，到设计了的身边的团队。看似机缘巧合，其实都是自我选择才走到一起的，理念的认同，观点的共识，才能够让事情更好地推进。

这样看设计更是选择关系，即使甲乙双方之间也是关系的选择，共性的客户也是认同选择的结果。通过认同设计才得以在项目里有机会呈现，从而吸引更多的人参与并认同。这些看似无序或者感性的表象，其实背后都有严谨而又理性的运作机制，大自然的运作机制也是世界的存续机制。

设计是一门技艺，

只有在行动中才能真正地找到提升的方法，

很多人沉迷于思考却很少行动，

这样很难有最终的效果呈现。

技能类的工作大多如此，基本功的练习单纯靠思

考是无法获得的，一定要靠很多的项目练习，

甚至是日复一日的看似单调的重复练习。

现在的职场，人人都知道的一万小时定律，

是很真实的现象，没有经过时间的积累真的很难

做到专业，专业之后才能晋级来谈天赋，

在此之前，都只是作为从业人员的基本修养。

另外，关于一万小时定律中的练习，绝不只是简单的重复，过程中训练出的眼力，是只有专业人员才能看出的差异。如果在深度参与项目中，做一个项目会有几个方案的思考，有横向的对比，有纵向的思考，虽然是一个项目的过程，其实相当于几个项目的积累，在这样的工作状态下，进步的速度一定会更快。

总之，万物皆有法，没有思考，就没有前进的方向；没有行动，就没有到达对岸的桥梁或船只。因为项目不是一个人可以完成的，所以团队的影响也很重要。如果你置身在一个开放的团队，每天有很多分享，彼此交换信息，有项目大家一起头脑风暴，通过讨论，在过程中彼此借鉴、推翻、演化，这样能激发出来很多神奇的想法，也会弥补很多不成熟的技术问题。

不知道是不是头脑风暴的工作方式启发了人工智能的逻辑设定，目前艺术家对于人工智能的应用方式，类似于一群人的头脑风暴，在众多方向中从中选择一二，再进一步深化，相当于在人工智能产出的基础上进一步创作。

因为时间和精力的限制，几个人的小团队头脑风暴，能够讨论或产出的方案数量有限，如果能够借助人工智能来处理数据，产出量可能是小团队的指数倍。人类从中挑选出可以继续优化的方案，再进一步创作，这样的效率就是人的脑力和 AI 算力综合出的结果。是不是 AI 的效率和人类创造力兼而有之了呢？

在技术的交替期也会带来时代的冲击，人们会迷茫以前喜欢的历史人文在科技的一路前行中，好像都纷纷跌落了神坛。未来什么是对人类更有用的，过去的历史故事中那些曾经一言九鼎的皇帝们，他们叫什么名字，干了什么伟大的事，曾经研究的意义是什么，为了讲一个好玩的故事吗？还是为了研究人性，为了在人性社会寻找生存的技巧？相比之下，科技真真切切改变了生活，改变了每一个人的生活和生存条件。把科技结合到空间设计上来，能更好地改善人与自然的关系。

我们的大设计群每两周一次的分享，探讨和设计相关一些想法，可以是对于环保、对于可持续的材料的认识。像是用田野调查的方式，有时也虚拟策划类似乡村图书馆的项目，帮助留守儿童创建一座精神的家园。偏远的山区中很多废弃的房子，用当地的材料，或者城市里找来的建筑垃圾、废弃材料、废弃家具或废弃物品，换一个地方，这些垃圾可能都是宝贝，发挥它的价值。这也是可持续的材料，还没有到达使用寿命的终点。书也一样，从城市里孩子的书，回收到乡村图书馆，让更多的孩子可以读到，这些书也是再利用的过程。用设计的力量帮助那些远方的小朋友给他们创造未来空间。

从一个人能做的事，到一群人能做的事，在这个过程中，慢慢发现社会上有很多这样的人。疫情之下的城市，很多人的生活沦为碎片，逐渐丧失生活的意义，好像虽然身居城市之中，每个人还是一个个孤岛，心中充满了焦虑。孤岛之后，生活为何呢？也许人性不会改变，但人的生活方式会改变，更需要细节和温度，所以设计师更需要提升对人的关注，审视对于幸福的理解。

这次新冠肺炎疫情让我无意间知道了一个非常有趣的社区项目，看到他们做的事情，回望过往，作为一个社会人，我好像还没踏入社区。这个组织的名称叫"四叶草堂"，通过各种自组织活动推动社区营造，其中有一项 Seeding 的活动，主要针对社区花园改造，计划到 2040 年打造 2040 个社区花园。

新冠肺炎疫情期间，利用之前的社区营造的社群，做了很多社区花园改造的活动，在居家期间举办了分享照片的分享春天活动，鸡蛋换种子的活动，云阅读的活动，等等，因此帮助了很多独居家的人们。

这些简单的行为或活动，可能产生的影响远远超出想象。看似单纯的社区花园营造，可以让一些人去研究自然环境对人的影响，从关注花园中不同季节、不同的风景，到一天当中什么时候空气的氧气含量最高，再到什么样的植物对呼吸道有净化效果。

还可以让一些人去研究香味治愈。花香与草香能够让人分泌血清素，抗压能力提升30%；可以让大脑神经活跃，激发想象力，调动大脑中的记忆，防止老年痴呆，对于当下的人口老龄化社区会有很大的帮助。还可以研究接触花香可以改善情绪和大脑功能，激活与运动、语言、记忆有关的大脑区域，唤起愉快的、令人激动的和充满生命力的画面。

甚至还可以让一些人去研究花园中的活动治愈。通过组织养老院的老人参加手工绿植的园艺活动，借此可以刺激老人们手脑，做苔藓球，做植物标本花艺，事实证明这些活动都有利于老年人的健康。增强社区老人的活力，同时减少抑郁。

日本的西野医院做过一个历时 6 年的实验，经常在园林中散步、从事园艺活动的 13 个老人没有一人得老年痴呆；反之其没有从事园艺活动的 13 个人都得了轻重程度不同的老年痴呆症。对于老年疾病来说，园艺活动比吃药更具有效果。

寺庙与园林的结合也是很好的应用，从在台湾的农禅寺，到京都众多寺院，再到杭州的灵隐寺，这些园林般的寺庙空间仿佛拥有巨大的治愈能量，人们行走其中能够获得宁静的力量。

这些看似不相关的事件又会让人想到，日本的寺庙园林源于中国，在岁月的更迭中却走出自己的道路，从那些历史遗留下来的建筑、基座、梁柱与屋顶，在保持原有的唐宋开合之风和简洁之气，又与西方工业建筑链接出自己的现代风格。透过这些木结构的建筑和园林，我们可以看到背后的传承和发展，更重要的是沿袭了古人的工匠精神。营造，匠之首也。

走在日本的街上，随处可见在门前或小路旁，商场的屋顶上，酒店的中庭处，小店的角落里，甚至居家的客厅和阳台上，有着几株植物、几块毛石、几片青苔和几许白沙，好像不管世界如何变化、人们如何喧嚣，只要守住内心清寂，把眼前的事情做到极致就好。这样的匠人精神，应该就是修行中说的关注当下吧？

以前总是不懂过好当下是什么意思，总觉得现在不够好，项目不完美，人不够好，可以做得更好，可以找到更好的人，这其实是一个无尽的循环。我们能够做到的大多比我们所认为的要稍微弱一点，就因为那一点差距，总觉得不够好，没有展示的自信。其实没有关系，学会接受不完美的自己，学会面对真实的自己，学会欣赏现在。相信自己内心的坚定，就不会摇摆，也就不那么纠结。

这些看似不相关其实又很相关的事，就像书上说的：那只大西洋岸边的一只蝴蝶拍了拍翅膀，引发了后续的一切不可思议。这些呼啸而来的一个个意识只是想让我们明白，设计师不只是在做设计，其实是借助项目在修炼自己而已。在做项目的过程中，学会认识自己，认识他人，也学会认识世界。学会和自己相处，和周围的人相处，更学会和自然相处。

自然是远比人类更久远的物种，万物是依系演化的，连人类社会都是从动物社会中增长出来的。如果人类真的能够向大自然学习，一定能够生活得更好。又或许，只有通过超越设计师的成长之路，才能明白来设计本就不是狭隘的设计。一只杯子是设计，一所房子是设计，一个制度也是设计，甚至世界的运行准则都是设计，"大设计"则包含了宇宙的规律。

　　设计师一路摸爬滚打、一路前行的成长之路，自以为学到了每一项技能，将每一个认知应用到项目中，自以为是天选之人在主导项目、主导设计，而事实上设计师只能是那个动手操作的人，在别人看不到的角落里加点自己的想法，或许是调皮可爱的，或许是隐藏密码式地等待后人来破译，大多情况下只是一个时代的诉说者，在用设计的语言絮絮叨叨地表达而已。

图书在版编目（CIP）数据

空间实验 / 曹闵著 . -- 上海：同济大学出版社，
2023.7
ISBN 978-7-5765-0030-1

Ⅰ . ①空… Ⅱ . ①曹… Ⅲ . ①室内装饰设计 Ⅳ .
① TU238.2

中国国家版本馆 CIP 数据核字 (2023) 第 165321 号

空间实验

曹闵 著

出 品 人　金英伟
责任编辑　姚烨铭
责任校对　徐春莲
装帧设计　张　微

出版发行　同济大学出版社 www.tongjipress.com.cn
　　　　　（地址：上海市四平路 1239 号　邮编：200092　电话：021 - 65985622）
经　　销　全国各地新华书店
印　　刷　上海丽佳制版印刷有限公司
开　　本　787mm × 1092mm　1/32
印　　张　6.75
字　　数　151 000
版　　次　2023 年 7 月第 1 版
印　　次　2023 年 7 月第 1 次印刷
书　　号　ISBN 978-7-5765-0030-1
定　　价　49.00 元